馬芬杯的

1 種烤模做出餐包 X 蛋糕 X 餅乾 X 派塔

60道高人氣日常點心

作者 —— 蘇凱莉

以烘焙香氣，開啟舒心的療癒時光

要仔仔細細、認真回溯我對於烘焙興趣的起始點，說來也帶點跟風盲從。

當時家家戶戶一頭熱、人人一窩蜂買麵包機的年代，我也不落人後的置身其中，在還搞不清做麵包是要用高筋麵粉、還是低筋麵粉？腦袋裡總是弄不懂到底要放酵母、或是泡打粉的懵懵懂懂下，以自己傻里傻氣的步調，慢慢摸索著烘焙世界的奇妙變化。

還記得第一次摸到麵團的印象嗎？

記得，我記得牢牢的。光是由麵粉開始、揉呀揉成一球麵團，等呀等著發酵膨脹後，雙手小心翼翼、像是心肝寶貝般捧著疼著。發酵後的麵團摸起來細柔溫暖，掌心輕輕落下，麵團裡大小氣孔咻著一聲劈劈啪啪。「是活的，他們是活的，麵團是有生命的。」任憑心裡的小宇宙再怎麼大聲吶喊也只有自己聽見，但自此訝異、悸動後，我知道，我與麵包「一觸鍾情」了。

若以前說，柴、米、油、鹽是生活；開啟了家庭烘焙樂趣的我會說，以麵粉、奶油、蛋與糖寫下我家的日常篇章。先生常常說：「還沒進家門卻聞到陣陣撲鼻香氣，就知道我們家今天又開烤了。你今天烤什麼？是蛋糕嗎？」另一半不擅蜜語甜言，但帶點雀躍的道出這番話，聽似平淡無奇，卻比愛情連續劇裡的男女主角的示愛告白，更讓人愉悅心動。勇勇（兒子的小名）也曾在咖啡廳裡，邊吃著餅乾、邊湊過來在我耳邊小聲窸窣說：「媽媽，偷偷跟你說，我覺得你的餅乾比咖啡廳做的更好吃。」來自小小試吃員的心聲，對我而言是比二十四孝裡的故事更欣慰窩心。是啊，日子裡的家庭烘焙，已在家人們的舌尖上，與日俱增轉成記憶裡的豐饒滋味，雖沒有華麗絢爛的高超技巧，卻有平實雋永的美好。

麵團教我學習柔軟，甜點帶我領略甘美。願藉由此書分享我們家的烘焙風味，一同陪伴朋友們度過四季時節輪轉，就算僅在廚房小小一方的天地裡，仍以迷人的家庭烘焙，勾勒出風和日麗的療癒時光。

最後想謝謝無論在何處何地、現正將這本書放在掌中翻閱的朋友們，若是感受到些微書的重量，那是我想對你們傳遞的無限感謝，謝謝你。

蘇凱莉

C O N T E N T S 目　　錄

Chapter 1 高人氣日常麵包

Chapter 2 優雅馬芬蛋糕

Chapter 3 解饞午茶點心

本書使用說明

詳列每道點心的材料準備和製作方式，文字搭配照片完整解說，第一次烘焙也能輕易上手。

點心名稱：
給好味料理一個美好名稱。

分量與烘烤建議：
各家烤箱特性不一，建議依照烘烤狀態，調整烘烤時間長短。

引言：
屬於凱莉老師的日常點心故事。

B

對我來說，蔥花麵包永遠穩坐台式麵包界裡的冠軍寶座。麵包的鹹香蔥花，與外在油油亮亮、內心軟嫩的口感，小時候一吃上癮，成了終身的蔥花麵包鐵粉啊。就因為太喜歡，為了滿足私心的口腹之慾，靈機一動，把切成圈圈的蔥花直接揉入麵團，麵包裡滿溢著濃濃的青翠香氣，與表層的濃郁乳酪香交織在一起，絕妙的搭配組合，一口咬下真是過癮極了。

A 香蔥起司麵包

C

分量	材料	
6 個	**麵團**	水 110g
	蔥花 20g	無鹽奶油 18g
烤箱溫度	高筋麵粉 185g	
180℃	細砂糖 15g	**頂飾**
	鹽 2g	披薩調理專用乳酪絲
烘烤時間	速發酵母 2g	適量
18～20 分鐘		**D**

作法

1 將青蔥洗淨切成細蔥花，與其餘麵團材料進行揉合與發酵（方式請參照基礎百搭·小餐包的揉麵步驟至作法B）。

Tips
青蔥洗淨後，請務必充分瀝除水分，再切成蔥花，揉合麵團時才不會造成麵團過度濕黏。

E

2 再次將麵團滾圓整型，放入抹無鹽奶油、撒高筋麵粉（材料外）的六連圓形烤模中，進行最後發酵的50分鐘，觀察麵團膨脹約1.5倍大。

3 在麵團表面中央，撒上適量披薩調理專用乳酪絲，進行最後發酵的40分鐘後，放入已預熱180℃的烤箱烘烤約18～20分鐘。

F

材料：
標出該篇食譜需要使用的材料及分量，並依照不同用途分類。

詳細作法與步驟圖：
作法搭配步驟流程圖，可以透過圖片了解製作狀態。

Tips：
貼心小建議，食材準備和製作過程的訣竅和重點提醒。

基礎烘焙材料

烘焙麵包與點心並不難，最基礎的材料都在這裡。運用材料的不同性質，
就能搭配出點心的千百種樣式。

高筋麵粉

烘焙麵包時的主要材料，原料為硬質小麥，顆粒較粗且蛋白質含量高，揉製麵團過程易形成具有高筋度且富有黏性與彈性的網膜組織。因高筋麵粉表面粗糙且不易吸附濕氣，所以製作麵包過程需要使用手粉輔助時，建議使用高筋麵粉。

低筋麵粉

烘焙蛋糕、餅乾等等糕點的主要材料，原料為軟質小麥，蛋白質含量低、筋性弱且粉質細緻，很容易吸附濕氣，形成麵粉結塊的情況，所以使用低筋麵粉前請務必過篩，讓麵粉的粉粒分離，更利於後續與其他糕點材料的混合製作過程。

速發酵母

烘焙麵包最不可或缺的關鍵材料。以一般家庭製作麵包的便利性而言，速發酵母最為方便使用且容易購得，質地為粉粒狀，能快速拌入混合其他麵團材料。

無鋁泡打粉

粉質呈白色粉末狀的膨發劑，多用於西式糕點，經受熱後會使麵團、麵糊產生膨脹效果。使用前請與食譜內的麵粉一起同步過篩。

鹽

鹽在麵團裡雖只占少少的量，卻具有關鍵的影響力。適量的鹽能增強麵團彈性與強化筋度，減緩氧化狀態，亦能提供麵包入口時平衡的風味呈現。

細砂糖

質地細緻且顆粒小，容易混合於各式麵團、麵糊中，適量的糖除了能影響麵包糕點的甜度與烤焙色澤外，更提升糕點濕潤度與保濕效果，是相當廣泛使用的糖類。

糖粉

外觀呈白色粉末狀，質地最為細膩。部分市售糖粉為了防止結塊，會添加少量的澱粉混合其中。

黑糖

富含維生素、礦物質與糖蜜，具有獨特的焦甜香氣與濕潤感。黑糖易呈現大小不一的顆粒狀態，使用前請先過篩使其粉粒分離。

牛奶

含乳糖、具甜味，經高溫烤焙後能增添麵包的金黃色澤與甘甜風味，延緩麵包老化速度。適量的牛奶亦能提升糕點的濕潤度。

雞蛋

能提升烘焙製品的營養成分，亦能增添烤焙色澤。製作以奶油為基底的糕點時，雞蛋與奶油的乳化過程決定了糕點的成功關鍵，請務必將蛋液分次且少量的加入奶油中混合拌勻，讓蛋黃中的卵磷脂發揮作用，協助雞蛋內含的水分與奶油油脂乳化完全。

水

以烘焙麵包而言，水是最天然且最容易取得的材料。適量提升麵團內水的含量，能延緩麵包老化速度、提升麵包柔軟與組織細膩度。另外，水對於麵團的溫度調節，也占了極重要的影響關鍵因素。

無糖優格

由牛奶發酵、富含益生菌。添加適量優格於麵團中，能使麵團組織更細膩、柔軟。使用於烘焙麵包、蛋糕時，請選用無糖的原味優格，避免影響烘焙成品的風味與甜度。

奶油

以牛奶製成，是烘焙製品富含濃郁香氣的主要來源，能增添麵包更溫潤柔軟的口感，同時亦能增強麵團的延展效果。製作糕點時，一般皆使用無鹽奶油，若希望烘焙製品能具有更豐富的層次香氣時，亦可使用由乳酸菌發酵牛奶製成的發酵奶油，可依照喜好選擇使用。

調味與增添口感材料

簡單添加不同食材，讓點心擁有變化多端的滋味。不只風味多變，還能創造更有層次的口感。

紅茶粉、伯爵茶粉、抹茶粉

適量增添茶葉類粉料於麵包糕點中，可讓烘焙製品如畫龍點睛般美味升級。紅茶粉、伯爵茶粉以方便度而言，可直接取用茶包袋裡已磨碎的茶葉末運用。抹茶粉則建議選用日本製烘焙專用抹茶粉，經高溫烤焙後更能保有圓潤的抹茶香氣與自然翠綠色澤。

苦甜巧克力、白巧克力

苦甜巧克力含較高量的可可固形物，相對含糖量少、品質更好，嘗起來微酸與帶點苦味。製作西式糕點時，建議選用圓形鈕扣狀的苦甜巧克力製品。白巧克力具濃郁香甜奶香氣息，含可可脂、糖、奶粉等等，不含任何可可豆成分，適用於西式糕點調味與裝飾用。

即溶咖啡粉

選用一般市售無糖、無奶精的即溶咖啡粉，使用前請添加食譜所指定的液體材料調勻。

無糖可可粉

由可可豆萃取研磨而成，粉質細膩，嘗起來微酸且帶點苦味，適用於麵包糕點中增添風味。使用無糖可可粉前請務必過篩，使其粉粒分離。

肉桂粉

風味渾厚濃郁且帶有辛辣感，少量就能使麵包糕點達到提味增香的效果。

帕瑪森起司粉

粉粒質地、濃郁乾酪香氣，經高溫烤焙後能使麵包糕點色澤金黃誘人、風味十足。

奶油乳酪

質地軟、風味微酸的新鮮軟質起司，除了運用於糕點製作外，也很適合做成抹醬搭配麵包類或貝果使用。

奶粉

含乳糖，經高溫烤焙後會加深烘焙製品外層表皮的金黃色澤。適量使用於麵包糕點時，可增添溫潤奶香與芳醇甜味。

杏仁粉

以杏仁磨製而成，含油脂，能增添糕點獨特的堅果香氣與酥鬆口感。運用於製作西式糕點時，建議選擇烘焙用的杏仁粉為佳。

核桃

胡桃

胡桃、核桃

皆為烘焙製品常用的堅果種類，能豐富口感與增添香氣。運用於製作西式糕點時，可切成小塊後使用。

杏仁角

由整顆杏仁經去皮後切成粒狀，含豐富油脂與香氣，適合運用於餅乾、糕點裝飾等等。

黑芝麻

能夠賦予烘焙製品更多層次香氣與獨特口感，亦能使用於麵包或糕點的表層裝飾，更增色添香。

燕麥片

營養價值高且富含纖維，獨具些微香甜的奶香味，適量使用能增添烘焙製品的芳醇風味與口感。

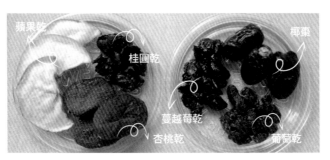

蘋果乾

桂圓乾

椰棗

蔓越莓乾

杏桃乾

葡萄乾

各式果乾

經曬乾或乾燥處理，將各式水果的香甜風味完全濃縮，適量添加果乾於烘焙製品中，能賦予糕點更豐富的口感與增添營養。

烘焙常用器具

想要嘗試烘焙，不需要四處蒐羅各式各樣的器材道具。
精選必備的道具準備好，就能讓製作點心的過程更輕鬆。

六連圓形烤模

亦稱六連馬芬模，材質多為鋼材與不沾塗層材質，圓形杯狀烤模分量適中且能多元變化應用。適用於烤焙麵包、糕點或是餅乾等等，很適合家庭烘焙使用的入門基本款模具。

揉麵板

選擇平面、有厚度且穩固的揉麵板為佳。揉麵板上附有刻度或尺寸標示，有助於切割、整型或是將麵團擀開至所需要的大小，能使烘焙製作過程更加得心應手。

耐熱調理盆

建議準備大、小兩款尺寸且底部穩固、寬圓的耐熱調理盆為佳。使用於麵團發酵、攪拌糕點麵糊、製作餅乾或是進行隔水融化作業，可依照烘焙製品步驟選擇適用的尺寸，讓烘焙製作過程更能遊刃有餘。

矽膠刮刀

選擇耐高溫且富彈性的矽膠刮刀，運用於混合糕點材料、攪拌或刮出蛋糕麵糊時的必備實用器材。

打蛋器

用於打發奶油、蛋或是攪拌液態材料等，可選用不易變形、有彈性的不銹鋼鋼線，且鋼線間距緊密的打蛋器為佳。

電子磅秤

精準製作烘焙製品時的重要器材，建議可準備能計測最小單位0.1g的電子磅秤。

切麵刀

整合麵團、分割或取出麵團時的器材,多半為不鏽鋼或是塑膠材質製成。以分割麵團而言,手持不鏽鋼製的切麵刀分割麵團會更為俐落迅速。

刷子

於烘焙製品上刷抹蛋液或是其他液態材料時使用。刷子款式多樣,以方便清洗與維護而言,建議選用矽膠材質為佳。

擀麵棍

用於延展與擀製麵團。擀麵棍的材質與款式多樣,市面上亦有凹凸點狀、可壓出麵團氣體的擀麵棍,選用方式以握起來順手為原則。

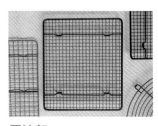

置涼架

烘焙製品烤焙出爐後,可放於置涼架上冷卻散熱。建議選用腳架較高款式,更能讓烘焙製品加速通風冷卻。

網篩

可用於過篩低筋麵粉、可可粉或是無鋁泡打粉等粉類材料。小款網篩亦可使用市售的濾茶網,用於麵包烘烤前,在麵團表面篩粉裝飾造型。

Chapter 1
高人氣日常麵包

一天的元氣，就從豐盛可愛的第一餐開始！

用經典的百搭小餐包加以變化，

就能輕鬆創造出各種滋味與造型。

上班、上學不寂寞，以小巧可愛的日常麵包開啟美好的心情。

基礎百搭小餐包

了解製作麵包所需要的材料、工具，
現在帶著輕鬆愉快的心情，從基本款的百搭小餐包開始手揉練習。
藉由最單純的麵粉、奶油與糖之間的融合，
烘烤出最純粹天然的手做麵包風味。

分量

6 個

烤箱溫度

180℃

烘烤時間

18 ～ 20 分鐘

材料

高筋麵粉 200g　　　速發酵母 2g
細砂糖 18g　　　　　水 122g
鹽 2g　　　　　　　無鹽奶油 16g

作法

1 將高筋麵粉、細砂糖、鹽、速發酵母分別放入耐熱調理
盆中，先以木匙（或筷子、刮刀）拌勻所有粉料。

2 分次緩緩倒入水，每次倒入水就以木匙攪拌，慢慢將所有粉料攪勻成團至看不見粉料
後，將麵團取出放置揉麵板上。

  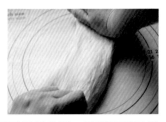

3 藉由身體重量，雙手前後將麵團推前搓揉分開，捲起成團再搓揉分開，反覆至麵團呈現筋性、光滑且不黏手。

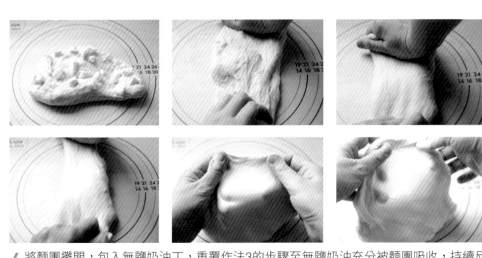

4 將麵團攤開，包入無鹽奶油丁，重覆作法3的步驟至無鹽奶油充分被麵團吸收，持續反覆揉至撐開麵團呈現透光薄膜。

麵團揉製小技巧

剛開始練習手揉麵團時，將粉類材料均勻混和是成功的第一步，再來是少量且分次添加水，讓高筋麵粉慢慢將水分吸收完全，以提高麵團更飽和的含水量，麵團水分充足了，亦能延緩麵包老化乾硬的速度。揉製麵團時，最後添加的材料是無鹽奶油，可避免無鹽奶油影響麵團筋性的形成，造成揉製時間拉長，最後導致麵團溫度升高，影響麵包的風味與口感。在揉製麵團的工序上，任何微小步驟都是成就麵包的美味關鍵。

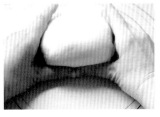

膨脹前

膨脹後

5 以雙手輕柔將麵團上下往內推收，形成表面光滑且緊繃的圓球後，放入耐熱調理盆內，於麵團表面噴水、蓋上濕布或封好保鮮膜，放置溫暖處約 1 小時，待麵團膨脹發酵成 2 倍大。

6 手指沾取高筋麵粉，輕輕按壓麵團表面，觀察凹洞沒有合口、回縮，即完成第 1 次發酵。

麵團發酵小技巧 🌾

溫度在麵團發酵階段很具影響力，而發酵環境的控制卻也是麵包好吃與否的重要關鍵，溫度高或低都足以改變麵團發酵的速度與狀態。在夏季，室內溫度高，發酵速度快，適時在麵團表面噴水保濕，留意觀察麵團膨脹大小，彈性縮短發酵時間；相反的，寒冷冬季得要面臨不利的發酵環境，可利用微波爐或是保麗龍箱等等的密閉空間，將麵團放入其中，擺一杯熱水提高內部的溫濕度，把微波爐門關好或將保麗龍箱蓋緊，是在冬季裡提升發酵速度的小技巧。

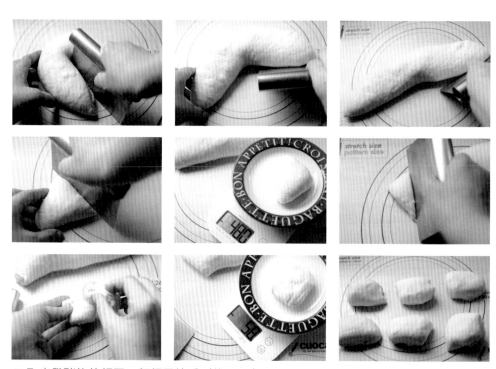

7 取出發酵後的麵團，秤麵團總重（約350g），以切麵刀（或刮板）在麵團中央切下，左右展開成棒狀，由尖端處開始切下，平均等重的分割麵團（此食譜需分成6份，每塊麵團約58g）。

麵團秤重小技巧

- 發酵後的麵團重量，會因為製作麵包時的操作方式、氣候溫濕度等等而影響最後麵團重量，請依據當時發酵後所秤量出來的重量，除以所需要分割的麵團數量即可。
- 期望烘烤後的麵包外觀與大小均一，請確實秤量每一個麵團重量，避免過度落差，力求均分。

麵團分割小技巧

- 分割麵團時，初步秤重若重量不足，用來補足重量的小麵團請放入麵團下方，讓表面維持光滑平整，後續的滾圓整型步驟會更加得心應手。
- 切割麵團要避免過度拉扯，迅速俐落的切割，更能保持麵團表面的完整。

  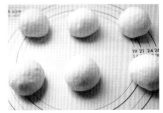

8 取1分割後的小麵團，將光滑面朝上，手拱起，以手掌、指腹間推收滾動，包覆麵團成表面緊繃的圓球狀，即可蓋上擰乾濕布靜置15分鐘，待靜置鬆弛，即可進行後續麵團整型步驟。

膨脹前　膨脹後

9 再次將麵團滾圓整型，放入抹無鹽奶油、撒高筋麵粉（材料外）的六連圓形烤模中，進行最後發酵約50分鐘。觀察麵團膨脹約1.5倍大後，放入已預熱180℃的烤箱烘烤約18～20分鐘。

烤箱默契培養小技巧

市面上家用烤箱的選擇琳瑯滿目，從容量、旋風或蒸氣功能，到瓦斯或電的升溫方式，效能各有差異。而家庭烘焙提升成功率的重要環節，就是熟悉自家烤箱的特性，即使是同型號的烤箱，烤焙效能也存在著溫度差異，需要多次觀察烘焙成品的色澤與熟度，調節上下火的溫度與時間，且留意烤爐內最快上色的位置，適時將烤盤前後左右調整方向，多磨合、再修正，找出一套專屬自家烤箱的經驗值，就是一台最完美合適的烤箱。

Part 1
百變小餐包

軟綿小餐包

加入雞蛋與水揉製成的手感餐包，質樸單純卻很美味。因為添加雞蛋，讓餐包口感軟綿細膩，帶點淡黃誘人色澤。餐包外型圓潤討喜，分量小巧剛剛好，很適合當作早餐或在佐餐時上場，豐富日常生活裡的餐桌時光。表面刷上的融化奶油是一大香濃亮點，餐包滿溢誘人的濃郁奶油香氣，無論何時吃、怎麼吃都很對味。

分量

6 個

烤箱溫度

180℃

烘烤時間

18 ～ 20 分鐘

材料

麵團
高筋麵粉 200g
細砂糖 16g
鹽 2g
速發酵母 2g

1 顆常溫雞蛋 + 水 118g
無鹽奶油 18g

頂飾
無鹽奶油 適量

作法

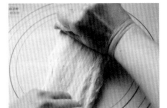  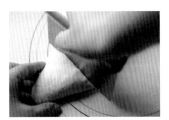

1 將麵團材料進行揉合與發酵（方式請參照基礎百搭小餐包的揉麵步驟至作法8）。

 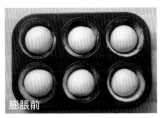 

膨脹前　　　　　　　膨脹後

2 再次將麵團滾圓整型，放入抹無鹽奶油、撒高筋麵粉（材料外）的六連圓形烤模中，進行最後發酵約50分鐘，觀察麵團膨脹約1.5倍大。

3 放入已預熱180℃的烤箱烘烤約18～20分鐘，出爐後脫模，可隨喜刷上適量融化的無鹽奶油，增添餐包亮澤與香氣。

優格蜂蜜麵包

無糖優格淋上蜂蜜,是很多朋友早餐或是點心的最佳選擇。試試看,將這黃金拍檔揉入麵包裡,會讓麵包質地更加濕潤細緻。帶點童趣又討喜的造型,一舉征服大人小孩的心啊。

分量

6 個

烤箱溫度

180℃

烘烤時間

20 分鐘

材料

麵團

高筋麵粉 200g
鹽 2g
速發酵母 2g
蜂蜜 18g
無糖優格 75g

水 70g
無鹽奶油 15g

頂飾

高筋麵粉 適量

作法

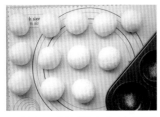

1 將麵團材料進行揉合與發酵（方式請參照基礎百搭小餐包的揉麵步驟至作法8），將麵團平均等量分割為12份小麵團。

2 再次將麵團滾圓整形，將1對2個麵團放入抹無鹽奶油、撒高筋麵粉（材料外）的六連圓形烤模中，進行最後發酵約50分鐘，觀察麵團膨脹約1.5倍大。

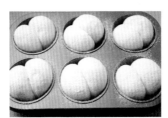

3 在麵團表面篩上適量高筋麵粉，放入已預熱180℃的烤箱烘烤約20分鐘。

牛奶燕麥麵包

即食大燕麥片永遠是我最喜愛的營養食材,帶一股淡淡奶香氣味,揉入麵團裡更
增添麵包的溫潤樸實口感。烘烤時滿溢的香氣迎面而來,是一款讓人聞著聞著,
都覺得幸福滿懷的風味麵包。

分量

6 個

烤箱溫度

180℃

烘烤時間

20 分鐘

材料

麵團
即食大燕麥片 15g
牛奶 30g
高筋麵粉 200g
細砂糖 15g
鹽 2g
速發酵母 2g

水 115g
無鹽奶油 15g

頂飾
牛奶 適量
即食大燕麥片 適量

作法

1 將即食大燕麥片倒入牛奶中浸泡30分鐘，與其餘麵團材料進行揉合與發酵（方式請參照基礎百搭小餐包的揉麵步驟至作法8）。

2 再次將麵團滾圓整型，以手輕輕抓起麵團底部，將麵團表面沾上適量牛奶，再沾取即食大燕麥片。

膨脹前　　　膨脹後

3 將麵團放入抹無鹽奶油、撒高筋麵粉（材料外）的六連圓形烤模中，進行最後發酵約50分鐘，觀察麵團膨脹約1.5倍大，放入已預熱180℃的烤箱烘烤約20分鐘。

米飯黑糖麵包

我們家最常上場的家庭風味麵包冠軍，應該就是米飯黑糖麵包了。三口小家常有飯剩下一些些的日常景象，這時我會歡喜的將米飯密封冷藏，隔天做麵包。加入米飯的麵包相當保濕，入口的甘醇黑糖味與麵包表層的奶油香，讓人回味無窮。

分量

6 個

烤箱溫度

180℃

烘烤時間

20 分鐘

材料

麵團
高筋麵粉 190g
黑糖 18g
鹽 2g
速發酵母 2g
水 120g
熟米飯 50g

無鹽奶油 18g

頂飾
無鹽奶油 適量，切成
6 小條狀冷藏備用

作法

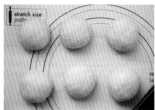
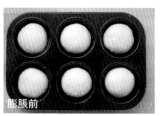
膨脹前　膨脹後

1 將麵團材料進行揉合與發酵（方式請參照基礎百搭小餐包的揉麵步驟至作法8）。

2 再次將麵團滾圓整型，放入抹無鹽奶油、撒高筋麵粉（材料外）的六連圓形烤模中，進行最後發酵約50分鐘，觀察麵團膨脹約1.5倍大。

3 在麵團表面中央，以鋒利扁刀劃出1道割紋，放入條狀無鹽奶油，放入已預熱180℃的烤箱烘烤約20分鐘。

Tips

任何蒸熟米飯都很合適（例如：白米、糙米、黑米、小米等等），本食譜使用蒸熟白米。

黑芝麻豆腐麵包

添加嫩豆腐的麵團，充滿淡雅細膩的黃豆香氣，麵包口感細緻有彈性，讓人好喜歡。加入黑芝麻更是讓美味度扶搖直上的亮點。麵包的黑點點、白胖胖模樣，光是看著、聞著，身心靈都被療癒了啊。

分量

6 個

烤箱溫度

180°C

烘烤時間

20 分鐘

材料

麵團
市售嫩豆腐 85g
高筋麵粉 200g
細砂糖 18g
鹽 2g
速發酵母 2g

水 75g
黑芝麻粒 10g
無鹽奶油 18g

頂飾
高筋麵粉 適量

作法

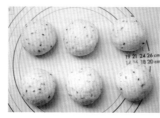

1 將市售嫩豆腐壓成泥狀,與其餘麵團材料進行揉合與發酵(方式請參照基礎百搭小餐包的揉麵步驟至作法8)。

膨脹前
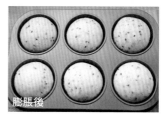
膨脹後

2 再次將麵團滾圓整型,放入抹無鹽奶油、撒高筋麵粉(材料外)的六連圓形烤模中,進行最後發酵約50分鐘,觀察麵團膨脹約1.5倍大。

3 在麵團表面篩上適量高筋麵粉,放入已預熱180°C的烤箱烘烤約20分鐘。

菠菜起司麵包

有時靈光乍現的實驗性想法，卻能創造視覺與味覺的無限驚豔。

這款菠菜起司麵包也是某日忙於備餐時，腦袋一轉、靈機一動做出的好滋好味。將菠菜汆燙，添加水打成菠菜汁揉入麵粉中，翠綠成了麵團的招牌色，光看就很滿目舒心。麵包口感潤澤且彈性十足，討喜的乳酪香增添麵包的濃韻層次。早餐吃好適合，午、晚餐上場佐餐也很對味。

分量

6 個

烤箱溫度

180°C

烘烤時間

20 分鐘

材料

熟菠菜 30g
水 110g
高筋麵粉 185g
細砂糖 18g

鹽 2g
速發酵母 2g
無鹽奶油 18g
高熔點乳酪切丁 70g

作法

1 將1把菠菜洗淨後快速汆燙，撈起且擠乾殘留水分。取30g熟菠菜與110g水，使用果汁機或食物調理攪拌棒打成菠菜汁，與高熔點乳酪切丁以外的麵團材料進行揉合後（方式請參照基礎百搭小餐包的揉麵步驟至作法4），將高熔點乳酪切丁均勻加入麵團混合與發酵（方式請參照百搭小餐包的揉麵步驟作法5至8）。

膨脹前　　　　　　　　膨脹後

2 再次將麵團滾圓整型，放入抹無鹽奶油、撒高筋麵粉（材料外）的六連圓形烤模中，進行最後發酵約50分鐘，觀察麵團膨脹約1.5倍大，放入已預熱180°C的烤箱烘烤約20分鐘。

香蔥起司麵包

對我來說，蔥花麵包永遠穩坐台式麵包界裡的冠軍寶座。麵包的鹹香蔥花，與外在油油亮亮、內心軟綿的口感，小時候一吃上癮，成了終身的蔥花麵包鐵粉啊。就因為太喜歡，為了滿足私心的口腹之慾，靈機一動，把切成圈圈的蔥花直接揉入麵團，麵包裡滿溢著濃濃的青蔥香氣，與表層的濃郁乳酪香交織在一起，絕妙的搭檔組合，一口咬下真是過癮極了。

分量

6 個

烤箱溫度

180°C

烘烤時間

18 ～ 20 分鐘

材料

麵團

青蔥 20g
高筋麵粉 185g
細砂糖 15g
鹽 2g
速發酵母 2g

水 110g
無鹽奶油 18g

頂飾

披薩調理專用乳酪絲
適量

作法

Tips

青蔥洗淨後，請務必充分瀝除水分，再切成蔥花，揉合麵團時才不易造成麵團過度濕黏。

1 將青蔥洗淨切成細蔥花，與其餘麵團材料進行揉合與發酵（方式請參照基礎百搭小餐包的揉麵步驟至作法8）。

膨脹前

膨脹後

2 再次將麵團滾圓整型，放入抹無鹽奶油、撒高筋麵粉（材料外）的六連圓形烤模中，進行最後發酵約50分鐘，觀察麵團膨脹約1.5倍大。

3 在麵團表面撒上適量披薩調理專用乳酪絲，放入已預熱180°C的烤箱烘烤約18～20分鐘。

濃郁巧克力麵包

巧克力的滋味總讓人難以抗拒。但我得說，這款濃郁巧克力麵包是讓我家先生舉起大拇指的得意代表作。祕訣是在「巧克力」的風味上多點小心思。麵團裡加入了濃厚醇香的巧克力調味乳，單單這個小動作，就足以讓巧克力麵包的迷人指數瞬間加倍呢。

分量

6 個

烤箱溫度

180℃

烘烤時間

20 分鐘

材料

麵團

高筋麵粉 185g

細砂糖 18g

鹽 2g

速發酵母 2g

巧克力調味乳 140g

無糖可可粉 20g

深黑苦甜水滴巧克力 35g

無鹽奶油 18g

頂飾

高筋麵粉 適量

作法

膨脹前　　　　　　　膨脹後

1 將麵團材料進行揉合與發酵（方式請參照基礎百搭小餐包的揉麵步驟至作法8）。

2 再次將麵團滾圓整型，放入抹無鹽奶油、撒高筋麵粉（材料外）的六連圓形烤模中，進行最後發酵約50分鐘，觀察麵團膨脹約1.5倍大。

3 在麵團表面篩上適量高筋麵粉，以鋒利扁刀劃出葉脈割紋，放入已預熱180℃的烤箱烘烤約20分鐘。

芒果起司麵包

季節性水果裡，唯有芒果最讓我情有獨鍾。在盛產的季節，總放開懷的大快朵頤，吃到滿手、臉頰旁都是黃澄澄的芒果汁，才算是滿足了想念的癮。過了產季、沒有新鮮芒果時，台灣小農製作的愛文芒果乾就是櫥櫃裡的常備果乾。

家庭烘焙坊的好處是能動手做出自己喜歡的風味麵包。將芒果乾與起司融入麵包，也是突發奇想的驚喜之作。軟糯香甜的芒果乾，與起司的芳醇奶香，意想不到的美味合拍，讓麵包別具熱帶水果風情呢。

分量

6 個

烤箱溫度

180℃

烘烤時間

20 分鐘

材料

麵團
芒果乾 50g
高筋麵粉 185g
細砂糖 15g
鹽 2g
速發酵母 2g

水 115g
無鹽奶油 18g
高熔點乳酪切丁 60g

頂飾
高筋麵粉 適量

作法

1 將芒果乾剪成小塊狀，與高熔點乳酪切丁以外的麵團材料進行揉合後（方式請參照基礎百搭小餐包的揉麵步驟至作法4），將高熔點乳酪切丁均勻加入麵團混合與發酵（方式請參照基礎百搭小餐包的揉麵步驟作法5至8）。

2 再次將麵團滾圓整型後，放入抹無鹽奶油、撒高筋麵粉（材料外）的六連圓形烤模中，進行最後發酵約50分鐘，觀察麵團膨脹約1.5倍大。

3 在麵團表面篩上適量高筋麵粉，手持剪刀剪出3道開口，放入已預熱180℃的烤箱烘烤約20分鐘。

咖啡麵包

還在銀行上班時，午後的一杯咖啡，通常是忙得不可開交時的振奮醒腦良方。誰能想到，當全職媽媽後，午後的一杯咖啡，是張羅大小家務後，最珍惜、最享受的沉澱時光。

這款飄著咖啡香氣的麵包，分量不大、小小的一球，也是常陪著我獨享午茶時光的療癒小點。概念來自麵包店常見的墨西哥麵包，比較不同的是，麵團裡揉入煉乳與咖啡，充滿溫潤咖啡甜香。咖啡麵糊是麵包造型的一大亮點，經高溫後潺流而下，在烤模平面處形成一頂宛如紳士般的帽子，俏皮又可愛。光看著、聞著，精氣神又是為之一振了哪。

分量	材料		
6 個	**麵團**	鹽 2g	**咖啡麵糊**
	熱水 5g	速發酵母 2g	無鹽奶油 30g
烤箱溫度	即溶咖啡粉 3g	水 105g	細砂糖 25g
180℃	煉乳 22g	無鹽奶油 18g	全蛋液 25g
	高筋麵粉 185g		熱牛奶 6g
烘烤時間			即溶咖啡粉 3g
18 ～ 20 分鐘			低筋麵粉 30g

作法 ❖ 咖啡麵糊

1 無鹽奶油加入細砂糖攪拌成奶油霜，再將全蛋液加入奶油霜中拌勻備用。

2 熱牛奶與即溶咖啡粉溶成濃縮咖啡液，加入奶油霜中混合後，篩入低筋麵粉拌成咖啡麵糊，裝入擠花袋，放入冰箱冷藏備用。

❖ 麵團

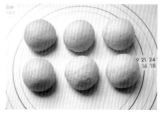

1 熱水、即溶咖啡粉和煉乳充分拌勻，溶成濃縮煉乳咖啡液，再與其餘麵團材料進行揉合與發酵（方式請參照基礎百搭小餐包的揉麵步驟至作法 8）。

膨脹前　　膨脹後

2 再次將麵團滾圓整型，放入抹無鹽奶油、撒高筋麵粉（材料外）的六連圓形烤模中，進行最後發酵約 50 分鐘，觀察麵團膨脹約 1.5 倍大。

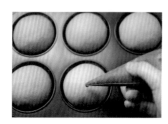

3 取出咖啡麵糊擠花袋，將咖啡麵糊以漩渦狀擠在 ⅓ ～ ½ 的麵團表面，放入已預熱 180℃的烤箱烘烤約 18 ～ 20 分鐘。

紫薯雙色麵包

Daucus carota.

「欠揍，這麵包怎麼有兩個顏色！」第一次做雙色麵包，先生一看到時脫口而出這番話。要是換成他人聽到還以為是什麼不高興的字句，但我熟知這「欠揍」兩字從先生的嘴裡說出來絕對是讚美，翻成白話就是「哇，這實在是太可愛了！」為了多贏得「欠揍」的稱讚，前後出場了各式各樣的雙色麵包，其中賣相最好的還是將自然香甜的營養紫地瓜揉入麵團的雙色效果最獲夫君青睞。紫地瓜將麵團渲染出淡雅柔和的淺紫色，嬌羞又夢幻，也喚醒主婦睽違已久的浪漫少女心哪。

分量

6 個

烤箱溫度

180℃

烘烤時間

18 分鐘

材料

麵團 A
高筋麵粉 100g
鹽 1g
速發酵母 1g
水 55g
蜂蜜 12g
無鹽奶油 8g

麵團 B
熟紫地瓜 35g
高筋麵粉 85g
細砂糖 8g
鹽 1g
速發酵母 1g
水 50g
無鹽奶油 8g

作法

 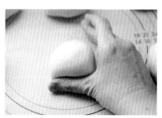 

1 將麵團A材料進行揉合與發酵（方式請參照基礎百搭小餐包的揉麵步驟至作法8）。

2 將熟紫地瓜壓成泥狀，與其餘麵團B材料進行揉合與發酵（方式請參照基礎百搭小餐包的揉麵步驟至作法8）。

3 以雙手在麵團A左右、上下處壓平，形成中央隆起、外邊稍薄的麵團形態，將麵團A翻面，置放在左手虎口上。取麵團B置於麵團A中央，右手拇指用力將麵團B向下壓入，左手拇指與食指同時緊縮，將麵團底部仔細收口。

膨脹前　　　　　　　　　　　膨脹後

4 在麵團表面以扁刀劃3道紋，放入抹無鹽奶油、撒高筋麵粉（材料外）的六連圓形烤模中，進行最後發酵約50分鐘，觀察麵團膨脹約1.5倍大。放入已預熱180℃的烤箱烘烤約18分鐘。

Tips

紫薯雙色麵包的主要食材紫地瓜，也可運用黃地瓜或栗子南瓜替代，豐富麵包的顏色變化性。部分根莖類食材蒸熟後含水量較高，必須完全瀝除水分後再揉入麵團，更能避免麵團黏手而造成筋性不足的情況。
食譜裡的作法示範，是將紫地瓜麵團包覆其中，有興趣的朋友在試做這款麵包時，也可試試外層改為紫地瓜麵團，讓成品更多風貌變化，饒富烘焙樂趣。

迷迭香黑橄欖麵包

一向不擅長照顧花草的我，在種植迷迭香方面倒是很得心應手，雖然是養在自家
小陽台，但一年四季總能生氣蓬勃，時時瀰漫著草木芳香。

很喜歡在料理時使用迷迭香，做麵包更要派上用場。將新鮮迷迭香葉切碎，揉入
麵團成了點點的翠綠顏色，再放點讓麵包香氣錦上添花的切片黑橄欖，烘烤出爐
後，撕一口脆皮麵包、沾著義式油醋品嘗，滋味好極了啊。

分量

6 個

烤箱溫度

180°C

烘烤時間

18 分鐘

材料

麵團
新鮮迷迭香葉 3g
高筋麵粉 195g
細砂糖 15g
速發酵母 2g
鹽 2g

水 125g
無鹽奶油 18g

頂飾
橄欖油 適量
切片黑橄欖 適量

作法

1 將新鮮迷迭香葉切碎，與其餘麵團材料進行揉合與發酵
（方式請參照基礎百搭小餐包的揉麵步驟至作法8）。

2 再次將麵團滾圓整型
後，放入抹無鹽奶油、撒
高筋麵粉（材料外）的六連
圓形烤模中，進行最後發酵
約50分鐘，觀察麵團膨脹約
1.5倍大。

3 在麵團表面，刷些適量橄欖油、放上切片黑橄欖，輕輕
將切片黑橄欖壓入麵團，放入已預熱180°C的烤箱烘烤
約18分鐘。

蔓越莓手撕麵包

色澤如紅寶石、偏酸的蔓越莓乾一直是我家孩子最喜歡的果乾零嘴，有時吃不下飯、沒有食慾時，放幾顆蔓越莓乾在小小碗裡，孩子見獵心喜，三兩下就能把飯菜吃個精光，比任何開胃祕方還要見效，實在是百思不得其解啊。光是奇妙組合蔓越莓配白飯就已經吃得嚇嚇叫，做成麵包更是史無前例的捧場。

在麵團發酵前多用點麵包整型小技巧，將麵團上下左右切兩刀，放入烤模發酵後就是一片片幸運草的形狀，秀色可餐、外型討喜極了啊。手撕麵包總是有讓麵包更添美味的魔力，早晨時光吃一個麵包，或是有點饞時，撕下一片滿足口慾，也很過癮哪。

分量

6 個

烤箱溫度

180℃

烘烤時間

18 ～ 20 分鐘

材料

蔓越莓乾 30g
高筋麵粉 185g
細砂糖 16g
鹽 2g

速發酵母 2g
奶粉 15g
水 115g
無鹽奶油 18g

作法

1 將蔓越莓乾以外的麵團材料進行揉合後（方式請參照基礎百搭小餐包的揉麵步驟至作法4），將蔓越莓乾均勻加入麵團混合與發酵（方式請參照基礎百搭小餐包的揉麵步驟作法5至8）。

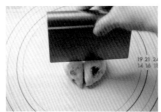

2 以切麵刀（或刮板）在麵團中央直向切下，再橫向切下，放入抹無鹽奶油、撒高筋麵粉（材料外）的六連圓形烤模中，進行最後發酵約50分鐘，觀察麵團膨脹約1.5倍大，放入已預熱180℃的烤箱烘烤約18～20分鐘。

Part 2
美味餡料麵包

帕瑪森馬鈴薯麵包

開始手做麵包過生活後，馬鈴薯就是我很喜歡添加使用的材料。只需在麵團裡添加一點點，像是注入頂級保濕精華液般，讓麵包保持最佳青春狀態，無論是當天吃、還是隔天吃，一樣濕潤有彈性。

帕瑪森馬鈴薯麵包是一款柔軟圓潤的鹹香風味麵包，外層有帕瑪森起司粉點綴香氣，內心裡還藏著鬆鬆綿綿的馬鈴薯球。建議做這款麵包時先保密，一起偷偷期待家人朋友咬下時的驚喜表情。

分量

6 個

烤箱溫度

180℃

烘烤時間

20 分鐘

材料

麵團
高筋麵粉 175g
細砂糖 15g
鹽 2g
速發酵母 2g
水 100g
帕瑪森起司粉 8g
熟馬鈴薯 35g
無鹽奶油 10g

餡料
熟馬鈴薯 85g
沙拉醬 15g
鹽 一小撮

頂飾
帕瑪森起司粉 適量

作法 ✤ 餡料

熟馬鈴薯、沙拉醬與鹽拌勻混合、壓成泥狀，將馬鈴薯餡等量分成6等份，滾圓，放入冰箱冷藏備用。

✤ 麵團

1 將麵團材料進行揉合與發酵（方式請參照基礎百搭小餐包的揉麵步驟至作法8）。

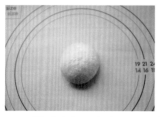 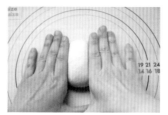 

2 以雙手在麵團左右、上下處壓平，形成中央隆起、外邊稍薄的麵團形態，將麵團翻面，置放在左手虎口上。

3 取 1 顆馬鈴薯餡置於麵團中央，右手拇指用力將馬鈴薯餡向下壓入，左手拇指與食指同時緊縮，將麵團底部仔細收口。

 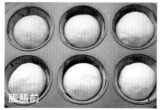 

膨脹前　　膨脹後

4 放入抹無鹽奶油、撒高筋麵粉（材料外）的六連圓形烤模中，進行最後發酵約 50 分鐘，觀察麵團膨脹約 1.5 倍大。

5 在麵團表面噴水，撒上適量帕瑪森起司粉，放入已預熱180℃的烤箱烘烤約 20 分鐘。

玉米起司麵包

很多料理節目的主廚常常一邊品酒、一邊以酒入菜料理，真是風雅極了。我則是太喜歡玉米了，往往一邊做玉米麵包，一邊忍不住捏著、吃著香甜多汁的玉米粒，算不算另類的異曲同工之妙？

很喜歡將香甜的玉米粒揉入麵粉裡，將麵團染成淡淡鵝黃色又滿溢柔和香氣，是讓麵包美味扶搖直上的小祕密。以乳酪絲裝飾，一方面可增添口感層次，另一方面讓玉米粒經高溫烘烤後仍保持粒粒鮮美多汁。孩子喜歡早餐時點名玉米起司麵包，總能不費力的咻咻咻快速完食，是款成功收買小童胃口的家庭風味麵包。

分量

6 個

烤箱溫度

180℃

烘烤時間

18 ～ 20 分鐘

材料

麵團
高筋麵粉 185g
細砂糖 16g
鹽 2g
速發酵母 2g
水 100g
罐頭玉米粒 35g
無鹽奶油 18g

餡料
罐頭玉米粒 85g
沙拉醬 10g
鹽 一小撮
披薩調理專用乳酪絲 適量

作法 ❖ 餡料

將玉米粒、沙拉醬、鹽混合均勻即成玉米餡，放入冰箱冷藏備用。

❖ 麵團

1 將麵團材料進行揉合與發酵（方式請參照基礎百搭小餐包的揉麵步驟至作法8）。

2 將六連圓形烤模翻至背面,麵團放置烤模平面處,以雙手指腹緩緩將麵團向下推壓,
使麵團包覆烤模。

3 拿起麵團,將六連圓形烤模翻至正面,放入抹無鹽奶油、撒高筋麵粉(材料外)的六
連圓形烤模中,進行最後發酵約40分鐘,觀察麵團膨脹約1.5倍大。

4 在麵團凹槽中央填入適量玉米餡,撒上披薩調理專用乳
酪絲,放入已預熱180°C的烤箱烘烤約18～20分鐘。

孜然咖哩麵包

咖哩是我們家最受歡迎的冠軍餐點，只要有供應咖哩的晚餐，看大男孩（我先生）跟小男孩（孩子）一盤一盤的搶食添飯、追加咖哩醬，虛榮心高漲到覺得自己就是咖哩界的五星級大主廚啊。某次，隨手把冰箱裡剩下的一些些咖哩醬包進麵團裡烤成咖哩麵包，一出爐時趁熱咬下，咖哩餡緩緩流出，又驚又喜，顧不得燙口馬上被父子檔聯手秒殺。從此之後，做咖哩勢必多煮一點，就能再度華麗變身成好吃的咖哩麵包。

以適量咖哩粉炒香咖哩餡料，是家庭風味咖哩也能晉身餐廳水準的小訣竅。最後讓咖哩麵包饒富辛香風味的法寶，是添加好搭檔孜然在麵包表面，高溫烘烤後陣陣香氣更加誘人，出爐後又是光速般一掃而空啊。

分量	材料		
6 個	**麵團**	**餡料**	**頂飾**
	高筋麵粉 185g	洋蔥 40g	全蛋液 適量
烤箱溫度	細砂糖 16g	胡蘿蔔 15g	孜然 適量
180°C	鹽 2g	豬絞肉 65g	
	速發酵母 2g	咖哩粉 1.5g	
烘烤時間	水 75g	咖哩塊 15g	
18～20 分鐘	全蛋液 40g	水 適量	
	無鹽奶油 18g		

Tips

咖哩餡料建議要煮至濃稠狀態，方便後續的包餡步驟。

作法 ❖ 餡料

1 洋蔥與胡蘿蔔切丁後，放入鍋中炒至飄出香氣，加入豬絞肉與咖哩粉，拌炒至豬絞肉表面上色，接著投入咖哩塊與適量的水煮至咖哩塊完全融化後，熄火，等待咖哩餡料降至室溫。

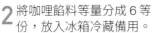

✤ 麵團

2 將咖哩餡料等量分成 6 等份，放入冰箱冷藏備用。

1 將麵團材料進行揉合與發酵（方式請參照基礎百搭小餐包的揉麵步驟至作法 8。）

2 以雙手在麵團左右、上下處壓平，形成中央隆起、外邊稍薄的麵團形態，將麵團翻面，置放在左手虎口上。取 1 份咖哩餡料置於麵團中央，右手持湯匙將咖哩餡料壓入麵團裡，再將湯匙抽出，左手拇指與食指同時緊縮，將麵團底部仔細收口。

膨脹前

膨脹後

3 放入抹無鹽奶油、撒高筋麵粉（材料外）的六連圓形烤模中，進行最後發酵約 50 分鐘，觀察麵團膨脹約 1.5 倍大。

4 在麵團表面刷上適量全蛋液，撒上適量孜然，放入已預熱 180℃的烤箱烘烤約 18～20 分鐘。

鹽麴蒜香麵包

幾年前看日本料理食譜而開始學習使用鹽麴後，鹽麴就成了冰箱裡常備的調味品。相較於鹽的鹹味明顯強烈，鹽麴的鹹度低、味道溫潤回甘，恰似調味鹽界裡的含羞草般，溫和含蓄許多。

將鹽麴替代鹽，做出來的麵包相當保濕，像是幫麵包敷了厚厚的保濕面膜，就算隔天吃也美味如初。某日靈光一閃，若將鹽麴調和成蒜味麵包裡的蒜泥醬，滋味應該也會是濃厚蒜香裡帶點微甘餘韻吧。果真一試成主顧，無蒜不歡的我們，立刻將鹽麴蒜香麵包拍板定案成了我們家的冠軍招牌麵包，好喜歡。

分量
6 個

烤箱溫度
180℃

烘烤時間
18 分鐘

材料

麵團
高筋麵粉 185g
細砂糖 16g
鹽麴 12g
速發酵母 2g
水 105g
無鹽奶油 16g

餡料
無鹽奶油 20g
蒜泥 5g
鹽麴 2g
乾燥洋香菜葉 適量
帕瑪森起司粉 適量

作法 ❖ 餡料

將無鹽奶油於常溫軟化至手指輕壓可留下指尖凹痕的狀態，加入蒜泥、鹽麴與乾燥洋香菜葉拌勻即為鹽麴蒜香餡。裝入擠花袋中，放入冰箱冷藏備用。

❖ 麵團

1 將麵團材料進行揉合與發酵（方式請參照基礎百搭小餐包的揉麵步驟至作法8）。將六連圓形烤模翻至背面，麵團放置烤模平面處，以雙手指腹緩緩將麵團向下推壓，使麵團包覆烤模。

2 拿起麵團，將六連圓形烤模翻至正面，放入抹無鹽奶油、撒高筋麵粉（材料外）的六連圓形烤模中，進行最後發酵約40分鐘，觀察麵團膨脹約1.5倍大。

3 在麵團表面噴水，撒上適量帕瑪森起司粉，在麵團凹槽中央填入適量鹽麴蒜香餡，放入已預熱180°C的烤箱烘烤約18分鐘。

草莓乳酪花蕊麵包

麵包漩渦裡捲著淡粉紅色的酸甜草莓乳酪醬,含苞待放的花朵模樣,藏有草莓的
甜美香氣與乳酪的濃郁香醇,從視覺到味覺都洋溢著幸福的花漾氣息。

分量

6 個

烤箱溫度

180℃

烘烤時間

18 ～ 20 分鐘

材料

麵團

高筋麵粉 195g
細砂糖 12g
鹽 2g
速發酵母 2g
草莓果醬 10g
水 118g
無鹽奶油 16g

餡料

奶油乳酪 75g
草莓果醬 30g

頂飾

高筋麵粉 適量

作法 ✤ 餡料

將奶油乳酪與草莓果醬拌勻即為草莓乳酪醬,裝入擠花袋,放入冰箱冷藏備用。

✤ 麵團

  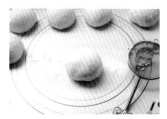

1 將麵團材料進行揉合與發酵(方式請參照基礎百搭小餐包的揉麵步驟至作法8)。

 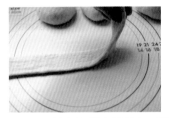 

2 將麵團搓揉至長約20cm條狀，以擀麵棍擀長麵團，翻面後再度將麵團擀至長度約35cm的細長條狀。

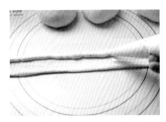  

3 麵團上方擠上1條草莓乳酪醬，下方以切麵刀切出切口，將麵團捲起。

4 將麵團收口捏合，放入抹無鹽奶油、撒高筋麵粉（材料外）的六連圓形烤模中，進行最後發酵約50分鐘，觀察麵團膨脹約1.5倍大，在麵團表面篩上適量高筋麵粉，放入已預熱180°C的烤箱烘烤約18～20分鐘。

檸香鮪魚洋蔥麵包卷

小廚房的食物櫃裡，總少不了幾罐鮪魚罐頭備著，當餐點想不出花樣或是臨時發現食材告急，鮪魚罐頭就是我最好的救火隊，鮪魚雞蛋卷、泡菜鮪魚豆腐湯、焗烤鮪魚義大利麵……，總能隨手變出五花八門的神奇料理。

將常備的鮪魚捲進麵包裡，能同時攝取蛋白質外，也能藉由洋蔥增強免疫力，營養滿點、一舉數得呢。檸檬皮末則是麵包卷裡的風味亮點，一點點的檸檬清新氣息，平衡了味道較為濃厚的鮪魚，嘗起來更多了層次馨香。

分量

6 個

烤箱溫度

180℃

烘烤時間

18 分鐘

材料

麵團
高筋麵粉 190g
細砂糖 16g
鹽 2g
速發酵母 2g
水 120g
無鹽奶油 18g

餡料
檸檬皮末 ½ 顆
洋蔥 55g
鮪魚罐頭 100g
鹽 一小撮

作法 ❖ 餡料

Tips

刨檸檬皮末時，避免刨至白色果皮部分，易造成苦味。

檸檬刨出綠色皮末，洋蔥切小丁狀，與瀝乾油和水的鮪魚罐頭、鹽拌勻混合成鮪魚洋蔥醬，放入冰箱冷藏備用。

❖ 麵團

1 將麵團材料進行揉合與發酵（方式請參照基礎百搭小餐包的揉麵步驟至作法 6）。

2 取出發酵後的麵團，手拱起，以手掌、指腹間推收滾動，包覆麵團成表面緊繃的圓球狀，即可蓋上擰乾濕布靜置 15 分鐘。

 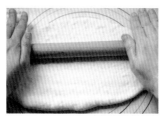 

3 將靜置後的麵團撒上適量高筋麵粉（材料外），持擀麵棍先上下方向，初步將麵團擀開成長方形，將麵團翻面，再次擀成 28cmX20cm 的長方形，麵團表面均勻放上鮪魚洋蔥醬。

4 將長方形麵團由上方捲起成圓柱狀，麵團接縫處仔細收口，等量切分為 6 等份。

  膨脹前  膨脹後

5 放入抹無鹽奶油、撒高筋麵粉（材料外）的六連圓形烤模中，進行最後發酵約 50 分鐘，觀察麵團膨脹約 1.5 倍大，放入已預熱 180°C的烤箱烘烤約 18 分鐘。

Tips

麵包卷是很多朋友都喜歡的麵包整型方式，不僅視覺效果滿分，食材一圈圈的捲入其中也令人垂涎萬分。麵包卷常遇到的問題，多半是進入烤箱高溫烘烤後，麵包卷的中央開始高聳隆起，而影響了外觀。改善問題的小技巧，是在捲起麵團的過程中，不須刻意捲得很緊實，保留點空隙讓高溫熱氣流通與麵團膨脹的空間，多次練習就能掌控好麵包卷的擀捲訣竅。

胡桃肉桂卷

第一次吃到肉桂卷是大學時期某個百般無聊的午後，在天母晃呀晃時，經過一間烘焙店飄出陣陣溫暖辛香，著迷的踏進店內，像是發現新大陸般的興奮想著：「原來是肉桂卷剛出爐的味道啊。」自此後無法自拔，開始了與肉桂卷你儂我儂的美味關係。

在麵團裡添加了適量的肉桂粉，是我們家肉桂卷特別好吃的小小心機。辛香的肉桂搭配著芳醇溫潤的黑糖，麵包卷底部是濃厚的糖蜜焦香，是一款會讓人回味無窮、心裡暖呼暖呼的幸福麵包。

分量
12 個

烤箱溫度
180°C

烘烤時間
16 分鐘

材料

麵團
高筋麵粉 195g
肉桂粉 2g
細砂糖 18g
鹽 2g
速發酵母 2g
水 125g
無鹽奶油 18g

餡料
胡桃 55g
黑糖 50g
肉桂粉 10g
無鹽奶油 適量

作法 ❖ 餡料

將胡桃切成碎粒，黑糖與肉桂粉混合成肉桂糖。

Tips

本食譜使用胡桃，任何堅果類都很合適替換（例如：核桃、腰果等等）。

❖ 麵團

1 將麵團材料進行揉合與發酵（方式請參照基礎百搭小餐包的揉麵步驟至作法6）。

2 取出發酵後的麵團，手拱起，以手掌、指腹間推收滾動，包覆麵團成表面緊繃的圓球狀，即可蓋上擰乾濕布靜置15分鐘。

  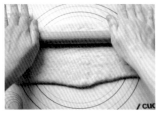

3 將靜置後的麵團撒上適量高筋麵粉（材料外），持擀麵棍先以上下方向，初步將麵團擀開成長方形，將麵團翻面，再次擀成36cmX24cm的長方形。

4 麵團表面刷上適量融化無鹽奶油，均勻撒上肉桂糖與胡桃碎粒。

  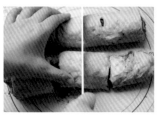

5 將長方形麵團由上方捲起成圓柱狀，麵團接縫處仔細收口，等量切分為12等份。

膨脹前　膨脹後

6 放入抹無鹽奶油、撒高筋麵粉（材料外）的六連圓形烤模中，進行最後發酵約50分鐘，觀察麵團膨脹約1.5倍大。放入已預熱180℃的烤箱烘烤約16分鐘。

香蕉巧克力麵包卷

熟透到表皮爬滿黑點點的香蕉，在我的小廚房裡是無價珍寶。只需將香蕉壓成泥，揉入麵團或烤成蛋糕，無論什麼糕點都是經典。這款果香十足的香蕉風味麵包，捲藏著濃郁巧克力，是麵包，也是甜點，有誰能抗拒這令人愉悅的幸福滋味。

分量

6 個

烤箱溫度

180℃

烘烤時間

20 分鐘

材料

麵團
香蕉 80g
高筋麵粉 200g
細砂糖 16g
鹽 2g
速發酵母 2g
水 65g
無鹽奶油 18g

餡料
無鹽奶油 適量
深黑苦甜水滴巧克力 25g

頂飾
牛奶 適量
杏仁角 適量

作法

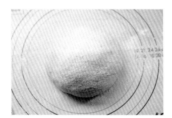

1 將香蕉壓成泥狀，與其餘麵團材料進行揉合與發酵（方式請參照基礎百搭小餐包的揉麵步驟至作法6）。

2 取出發酵後的麵團，手拱起，以手掌、指腹間推收滾動，包覆麵團成表面緊繃的圓球狀，即可蓋上擰乾濕布靜置15分鐘。

3 將靜置後的麵團撒上適量高筋麵粉（材料外），持擀麵棍先以上下方向，初步將麵團擀開成長方形，將麵團翻面，再次擀成26cmX18cm 的長方形，麵團表面刷上適量融化無鹽奶油，均勻撒上深黑苦甜水滴巧克力。

 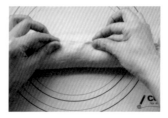 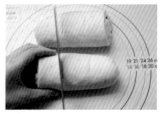

4 將長方形麵團由上方捲起成圓柱狀，麵團接縫處仔細收口，等量切分為 6 等份。

膨脹前　　膨脹後

5 放入抹無鹽奶油、撒高筋麵粉（材料外）的六連圓形烤模中，進行最後發酵約 50 分鐘，
　 觀察麵團膨脹約 1.5 倍大。

6 在麵團表面，刷上適量牛奶、撒上杏仁角，放入已預熱
　 180°C的烤箱烘烤約 20 分鐘。

花生醬香蕉夾心麵包

「哇！你把喜歡吃的花生醬香蕉三明治做成麵包了！」先生一口咬下麵包對我說著。最高紀錄曾連續一週，天天吃著花生醬香蕉三明治當早餐，能這般執著且瘋狂，就知道我對花生醬香蕉三明治這個天作之合，有多麼喜愛成癮、無法自拔。三明治要抹花生醬又要切香蕉，乾脆率性一點，一口氣通通夾進麵包，快速省時又方便。麵團裡揉入花生醬是增添堅果香氣的小訣竅，接著讓花生醬與香蕉在麵團裡相互依偎，有滋有味極了。真謝謝自己的省時小點子，突發奇想也能成就美味火花。

分量

6 個

烤箱溫度

180℃

烘烤時間

18 分鐘

材料

麵團

高筋麵粉 175g
細砂糖 18g
鹽 2g
速發酵母 2g
水 105g
無糖花生醬 18g
無鹽奶油 10g

餡料

無糖花生醬 60g
香蕉 適量

作法 ❖ 餡料

Tips

本食譜使用顆粒無糖花生醬。

1 無糖花生醬等量分成6等份，滾圓，放入冰箱冷凍備用。

2 香蕉切為厚度1cm的片狀，放入冰箱冷藏備用。

❖麵團

1 將麵團材料進行揉合與發酵（方式請參照基礎百搭小餐包的揉麵步驟至作法8）。

2 以雙手在麵團左右、上下處壓平，形成中央隆起、外邊稍薄的麵團形態，將麵團翻面，置放在左手虎口上。

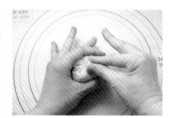

3 先取1顆無糖花生醬餡置於麵團中央，再放上1片香蕉，右手拇指用力將餡料向下壓入，左手拇指與食指同時緊縮，將麵團底部仔細收口。

膨脹前

膨脹後

4 放入抹無鹽奶油、撒高筋麵粉（材料外）的六連圓形烤模中，進行最後發酵約50分鐘，觀察麵團膨脹約1.5倍大。放入已預熱180℃的烤箱烘烤約18分鐘。

水蜜桃麵包

黃澄澄的罐頭水蜜桃對孩提時期的我來說，是鮮奶油蛋糕上最耀眼的金黃寶石。當孩子們忙著你爭我奪搶蛋糕上的草莓、櫻桃時，唯獨我對水蜜桃情有獨鍾。現在這個癮仍是進行式，到超市採買時，三不五時還會拎上一罐沉甸甸的水蜜桃罐頭帶回家，滿足一下嘴饞的自己。

金色耀眼、酸甜多汁的水蜜桃，揉入麵團後有著淺淺鵝黃色澤與水果香氣，中間鑲嵌的果肉更增添鮮美層次口感。我們很喜歡在隔天早餐，將水蜜桃麵包對切，送入烤箱烘烤至表面香酥上色後，盡情的抹上含鹽奶油後喀滋咬下，濃郁滑順的奶油對上甜美水蜜桃，合拍的好滋味，總讓我們欲罷不能哪。

分量	烘烤時間
6 個	18 分鐘

烤箱溫度

180°C

材料

麵團		餡料
水蜜桃 55g	鹽 2g	切丁水蜜桃 適量
高筋麵粉 195g	速發酵母 2g	
細砂糖 18g	水 85g	
	無鹽奶油 18g	

作法

Tips

本食譜使用市售水蜜桃罐頭。

1 水蜜桃切丁狀，與其餘麵團材料進行揉合與發酵（方式請參照基礎百搭小餐包的揉麵步驟至作法8）。

2 將六連圓形烤模翻至背面，麵團放置烤模平面處，以雙手指腹緩緩將麵團向下推壓，使麵團包覆烤模，拿起麵團，將六連圓形烤模翻至正面。

膨脹前

膨脹後

3 放入抹無鹽奶油、撒高筋麵粉（材料外）的六連圓形烤模中，在麵團凹槽中央填入適量切丁水蜜桃，進行最後發酵約40分鐘，觀察麵團膨脹約1.5倍大。放入已預熱180°C的烤箱烘烤約18分鐘。

藍莓奶酥粒麵包

快開冰箱看看，有沒有一罐怎麼吃都吃不完的果醬？若是有，可要好好拭目以待，因為這道食譜將讓果醬再度華麗翻身，做成層次豐富、酸甜滋味的果醬麵包。在麵團凹槽內填入藍莓果醬，經過高溫烘烤會濃縮成更醇厚的莓果香氣。值得多花一點時間預備好奶酥粒，豪邁的撒上去，溫潤奶香與果醬的交融，讓麵包一出爐就芳香四溢，令人食指大動。

分量

6 個

烤箱溫度

180℃

烘烤時間

18 ～ 20 分鐘

材料

麵團
高筋麵粉 195g
細砂糖 18g
鹽 2g
速發酵母 2g
牛奶 130g
無鹽奶油 18g

餡料
低筋麵粉 50g
杏仁粉 6g
細砂糖 30g
無鹽奶油 30g
藍莓果醬 適量

作法 ❖ 餡料

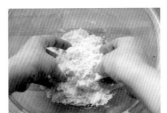

將過篩的低筋麵粉、杏仁粉與細砂糖混合拌勻，再加入切成丁塊的無鹽奶油，以雙手快速抓搓混合，讓無鹽奶油與粉料融合成大小不一的鬆散狀碎粒即成奶酥粒，放入冰箱冷藏備用。

❖ 麵團

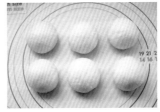

1 將麵團材料進行揉合與發酵（方式請參照基礎百搭小餐包的揉麵步驟至作法 8）。

2 將六連圓形烤模翻至背面，麵團放置烤模平面處，以雙手指腹緩緩將麵團向下推壓，
使麵團包覆烤模。

膨脹前　膨脹後

3 拿起麵團，將六連圓形烤模翻至正面，放入抹無鹽奶油、撒高筋麵粉（材料外）的六
連圓形烤模中，進行最後發酵約 40 分鐘，觀察麵團膨脹約 1.5 倍大。

Tips

4 在麵團凹槽中央填入適量藍莓果醬，撒上奶酥粒，放入
已預熱 180℃的烤箱烘烤約 18 ～ 20 分鐘。

本食譜使用藍莓奇亞籽果醬，任
何果醬類都很合適替換（例如：
草莓、杏桃等等）。

剩下的奶酥粒可以放入密封盒，
冷凍保存，日後做麵包時，都可
變化運用。

蘋果奶酥麵包

「哇，這奶酥厲害了，你真是小聰明耶。」先生一吃到蘋果奶酥麵包時脫口而出這句話。想來，經過這位奶酥界的忠實擁護者品嘗鑑定後，蘋果奶酥麵包應能登上奶酥界寶座才是。

有點不好意思，讓先生嘖嘖稱奇的奶酥麵包不是多特別稀奇，只是烤完了蘋果玉米片餅乾後，見蘋果乾還剩下一大包，靈機一動跟奶酥來個你儂我儂的組合。奶香濃郁的奶酥餡裡添增蘋果果肉的口感與果香，讓奶酥更顯清爽，也多了風味層次。沒想到出奇制勝，清了庫存蘋果乾又博得滿堂彩，一舉兩得啊。這，得要謝謝小聰明的靈感。

分量

6 個

烤箱溫度

180℃

烘烤時間

18～20 分鐘

材料

麵團
蘋果 35g
高筋麵粉 195g
細砂糖 16g
鹽 2g
速發酵母 2g
水 100g
無鹽奶油 18g

餡料
蘋果乾 25g
無鹽奶油 50g
細砂糖 25g
全蛋液 15g
奶粉 50g

作法 ❖ 餡料

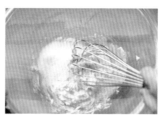

1 蘋果乾切成小塊狀。

2 無鹽奶油於常溫軟化，持打蛋器將無鹽奶油攪拌至無結塊，加入細砂糖持續畫圈拌勻，觀察無鹽奶油色澤由黃色轉成淺鵝黃色，且質地為膨鬆的奶油霜狀態。

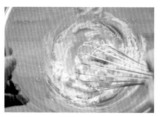

3 將全蛋液加入奶油霜中拌勻，加入奶粉攪拌，最後放入蘋果乾拌勻即成蘋果奶酥餡。

❖麵團

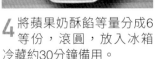

4 將蘋果奶酥餡等量分成6等份，滾圓，放入冰箱冷藏約30分鐘備用。

1 蘋果刨成絲狀後，與其餘麵團材料進行揉合與發酵（方式請參照基礎百搭小餐包的揉麵步驟至作法8）。

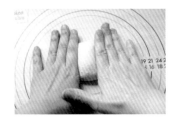

2 以雙手在麵團左右、上下處壓平，形成中央隆起、外邊稍薄的麵團形態，將麵團翻面，置放在左手虎口上。取1顆蘋果奶酥餡置於麵團中央，右手拇指用力將蘋果奶酥餡向下壓入，左手拇指與食指同時緊縮，將麵團底部仔細收口。

膨脹前

膨脹後

3 放入抹無鹽奶油、撒高筋麵粉（材料外）的六連圓形烤模中，進行最後發酵約50分鐘，觀察麵團膨脹約1.5倍大。放入已預熱180℃的烤箱烘烤約18～20分鐘。

巧克力奶酥麵包

我們家是奶酥麵包的擁護者。

直到有次突發奇想，將巧克力餅乾與奶酥湊成對兒，做出暗藏心機的奶酥麵包後，我們家的烘焙食譜錦囊裡，從此多了一款天王天后級的奶酥麵包。巧克力餅乾與奶酥餡讓人驚豔的完美合拍，奶香濃濃裡還有巧克力餅乾些微的酥脆感，看著奶酥迷父子倆大快品嘗的模樣，我的虛榮心完全被滿足了啊。

分量

6 個

烤箱溫度

180℃

烘烤時間

18 ～ 20 分鐘

材料

麵團
高筋麵粉 180g
細砂糖 16g
鹽 2g
速發酵母 2g
水 110g
奶粉 5g
無鹽奶油 18g

餡料
巧克力餅乾（不含夾心奶油餡）30g
無鹽奶油 50g
細砂糖 32g
鹽 一小撮
全蛋液 15g
奶粉 50g

作法 ⚬ 餡料

1 巧克力餅乾剝成小碎片。

2 無鹽奶油於常溫軟化，持打蛋器將無鹽奶油攪拌至無結塊，加入細砂糖與鹽持續畫圈拌勻，觀察無鹽奶油色澤由黃色轉成淺鵝黃色，且質地為膨鬆的奶油霜狀態。

3 將全蛋液加入奶油霜中拌勻，加入奶粉攪拌，最後放入巧克力餅乾碎片拌勻即成巧克力奶酥餡。

❖ 麵團

4 將巧克力奶酥餡等量分成 6 等份，滾圓，放入冰箱冷藏約 30 分鐘備用。

1 將麵團材料進行揉合與發酵（方式請參照基礎百搭小餐包的揉麵步驟至作法 8）。

2 以雙手在麵團左右、上下處壓平，形成中央隆起、外邊稍薄的麵團形態，將麵團翻面，置放在左手虎口上。取 1 顆巧克力奶酥餡置於麵團中央，右手拇指用力將巧克力奶酥餡向下壓入，左手拇指與食指同時緊縮，將麵團底部仔細收口。

膨脹前
膨脹後

3 放入抹無鹽奶油、撒高筋麵粉（材料外）的六連圓形烤模中，進行最後發酵約 50 分鐘，觀察麵團膨脹約 1.5 倍大。放入已預熱 180℃的烤箱烘烤約 18 ～ 20 分鐘。

抹茶紅豆麵包

抹茶與紅豆是一對天造地設、最佳綠紅配拍檔，絕妙的平衡感，做成任何甜點都很合拍對味、經典。

這款抹茶紅豆麵包帶點日式甜果子的意境風格，含蓄般的將蜜紅豆球藏在麵包內心裡，最後用黑芝麻在麵包頂端裝飾出美味印記。尾韻回甘的抹茶對上甜蜜鬆軟的紅豆，簡單卻是色香味美。佐一壺茶吃著、喝著，真是餘韻無窮、齒頰留香呢。

分量

6 個

烤箱溫度

180℃

烘烤時間

18 分鐘

材料

麵團
高筋麵粉 180g
抹茶粉 6g
細砂糖 18g
鹽 2g

速發酵母 2g
水 110g
蜂蜜 5g
無鹽奶油 18g

餡料
蜜紅豆 120g

頂飾
黑芝麻 適量

作法 ❖ 餡料

蜜紅豆等量分成6等份，滾圓，放入冰箱冷凍備用。

❖ 麵團

1 將麵團材料進行揉合與發酵（方式請參照基礎百搭小餐包的揉麵步驟至作法8）。

2 以雙手在麵團左右、上下處壓平，形成中央隆起、外邊稍薄的麵團形態，將麵團翻面，置放在左手虎口上。

3 取1顆蜜紅豆餡置於麵團中央，右手拇指用力將蜜紅豆餡向下壓入，左手拇指與食指同時緊縮，將麵團底部仔細收口。

4 放入抹無鹽奶油、撒高筋麵粉（材料外）的六連圓形烤模中，進行最後發酵約50分鐘，觀察麵團膨脹約1.5倍大。

5 在麵團表面噴水，取擀麵棍沾水、沾裹適量黑芝麻後印壓在麵團表面中央，放入已預熱180°C的烤箱烘烤約18分鐘。

桂圓黑糖麵包

從小我就好喜歡桂圓，但不知是不是幼年時期氣血旺盛，好幾次都吃到火氣大、鼻血流，無辜的桂圓就此慘遭禁止，看得到吃不到，完全是極限挑戰啊。到了現在這年紀，桂圓再怎麼恣意狂吃都不曾鼻血直流，加上家裡的兩位大小男人完全不喜歡桂圓，一個人可以肆無忌憚的獨享這軟糯甜膩滋味，當真是享受極了。

將黑糖與桂圓揉入麵團裡，完全是私心為自己滋補養身而做的，麵團內再夾入適量黑糖，更添層次風味。喜歡桂圓也喜歡黑糖嗎？來試試這款呵護自己、專屬女孩兒必備款的溫柔麵包配方。

分量

6 個

烤箱溫度

180℃

烘烤時間

18 分鐘

材料

麵團
高筋麵粉 185g
黑糖 14g
鹽 2g
速發酵母 2g
水 115g

無鹽奶油 18g
桂圓乾 35g

餡料
黑糖 適量

作法

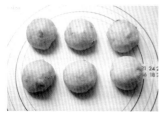

1 將麵團材料進行揉合與發酵（方式請參照基礎百搭小餐包的揉麵步驟至作法8）。

2 以雙手在麵團左右、上下處壓平，形成中央隆起、外邊稍薄的麵團形態，將麵團翻面，置放在左手虎口上。

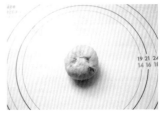

3 右手持湯匙取適量黑糖置於麵團中央，將湯匙向下、將黑糖置入麵團裡，再將湯匙抽出，左手拇指與食指同時緊縮，將麵團底部仔細收口。

膨脹前

膨脹後

4 放入抹無鹽奶油、撒高筋麵粉（材料外）的六連圓形烤模中，進行最後發酵約 50 分鐘，觀察麵團膨脹約 1.5 倍大。放入已預熱 180℃的烤箱烘烤約 18 分鐘。

Tips

回想自己剛開始練習包餡類的麵包時，總像是來到大魔王的關卡，包餡過程緊張萬分。後來摸索幾次，發現善用工具與技巧，就能讓包餡麵包輕鬆闖關成功。像本篇的桂圓黑糖麵包，包裹顆粒狀的黑糖時，利用湯匙將餡料置入麵團，乾淨迅速又俐落。或是奶酥類的麵包，事前將奶酥餡滾圓再放入冰箱冷藏，讓奶酥餡更加硬實後，再包入麵團，也能避免因奶酥餡油脂而造成麵團不易收口的狀況。

蜜花豆鹽奶油麵包

在外吃豆花或是刨冰時，可以選擇添加的配料總是五花八門，縱使配料琳瑯滿目，我一定會點名蜜花豆這一味，唯有蜜花豆是我永恆不變的真愛。

綿軟甘甜的蜜花豆揉入麵團裡，樸實簡單吃起來卻是有滋有味。含鹽奶油一向是讓麵包增香的好搭檔，切成片後包入麵團中，經高溫烘烤後奶油融化潺潺流出，在烤模底部與麵包一起滋滋作響，烤出了脆皮底部，成了極具特色的招牌口感，麵包微甜微鹹與底部的香濃酥脆，交織出欲罷不能的美妙滋味。

分量
6 個

烤箱溫度
180℃

烘烤時間
18 分鐘

材料

麵團
高筋麵粉 185g
細砂糖 15g
鹽 2g
速發酵母 2g
水 115g

無鹽奶油 18g
蜜花豆 75g

餡料
含鹽奶油 適量

作法 ❖ 餡料　　❖ 麵團

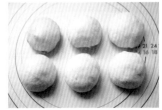

將含鹽奶油切成0.5～1cm厚度的片狀，放入冰箱冷凍備用。

1 將蜜花豆以外的麵團材料進行揉合後（方式請參照基礎百搭小餐包的揉麵步驟至作法4），將蜜花豆均勻加入麵團混合與發酵（方式請參照基礎百搭小餐包的揉麵步驟作法5至8）。

2 以雙手在麵團左右、上下處壓平，形成中央隆起、外邊
稍薄的麵團形態，將麵團翻面，置放在左手虎口上。

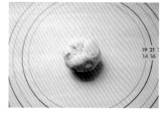

3 取1片含鹽奶油置於麵團中央，右手拇指用力將含鹽奶油向下壓入，左手拇指與食指同
時緊縮，將麵團底部仔細收口。

膨脹前　　　　　　　膨脹後

4 放入抹無鹽奶油、撒高筋麵粉（材料外）的六連圓形烤模中，進行最後發酵約50分
鐘，觀察麵團膨脹約1.5倍大，放入已預熱180℃的烤箱烘烤約18分鐘。

Chapter 2
優雅馬芬蛋糕

想克服炎炎夏日，就來塊清爽開胃的檸檬優格蛋糕；
或以燕麥果醬夾心蛋糕征服孩子們的靈敏味蕾。
親手製作好安心，健康美味無負擔，
優閒的假日午後，就用馬芬蛋糕開啟色香味的饗宴吧！

繽紛莓果蛋糕

酸甜的莓果與蛋糕麵糊混合，經高溫烘烤時，會看到莓果們在蛋糕麵糊裡噗滋噗滋的冒泡，緩緩流出的濃縮莓果果漿，讓蛋糕更為潤澤、口感更豐富有層次。

分量

6 個

烤箱溫度

180℃

烘烤時間

18 ～ 20 分鐘

材料

無鹽奶油 140g
細砂糖 50g
草莓醬 35g
牛奶 15g
常溫雞蛋 3 顆
低筋麵粉 170g

無鋁泡打粉 5g
冷凍莓果 60g

頂飾

各式冷凍莓果 適量

作法

1 將無鹽奶油與細砂糖放入耐熱調理盆,隔水加熱至無鹽奶油與細砂糖融化成金黃色的
奶油糖漿,加入草莓醬與牛奶,緩緩倒入全蛋液,充分攪拌均勻。

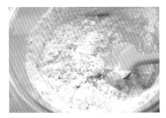 

Tips

任何冷凍莓果都很合適(例如:
藍莓、覆盆莓等等),本食譜使
用冷凍黑醋栗。

2 篩入低筋麵粉與無鋁泡打粉,以刮刀輕輕拌勻至看不見
粉料,倒入冷凍莓果,輕柔拌勻成蛋糕麵糊。

3 在六連圓形烤模放入馬芬
蛋糕紙模,將蛋糕麵糊倒
入紙模至8分滿,放上適量
冷凍莓果在蛋糕麵糊頂端。

4 放進已預熱180℃的烤箱
烘烤18～20分鐘,或以
竹籤刺入後取出,無沾黏麵
糊即可出爐。

香蕉核桃蛋糕

日常食材的運用與準備，受原生家庭的影響很大。以水果來說，自小有印象起，娘家的水果籃永遠擺著一串熟度恰好的香蕉等著我們隨時補充營養。有了自己的小家後，仍舊延續在娘家的習慣，水果籃裡也常備著香蕉。

將外皮點點、軟糯香甜的香蕉加入蛋糕麵糊，高溫加持讓香蕉的熱帶水果香氣更為濃縮，添入營養核桃更豐富口感。無論是早晨餐點或是午茶點心，都能隨心搭配，輕鬆享用。

分量

6 個

烤箱溫度

180°C

烘烤時間

18 ～ 20 分鐘

材料

香蕉 60g
核桃 50g
無鹽奶油 100g
細砂糖 60g
牛奶 20g

常溫雞蛋 2 顆
低筋麵粉 145g
無鋁泡打粉 3g

頂飾
核桃粒 適量

作法

1 香蕉切成小塊狀，核桃剝成碎粒狀。

2 將無鹽奶油與細砂糖放入耐熱調理盆，隔水加熱至無鹽奶油與細砂糖融化成金黃色的奶油糖漿，加入牛奶，緩緩倒入全蛋液，充分攪拌均勻。

3 篩入低筋麵粉與無鋁泡打粉，以刮刀輕輕拌勻，放入香蕉塊與核桃粒，輕柔拌勻成蛋糕麵糊。

4 在六連圓形烤模放入馬芬蛋糕紙模，將蛋糕麵糊倒入紙模至 8 分滿，放上適量核桃粒在蛋糕麵糊頂端。

5 放進已預熱 180℃的烤箱烘烤 18 ～ 20 分鐘，或以竹籤刺入後取出，無沾黏麵糊即可出爐。

Tips

將無鹽奶油融化成液體狀態，接著加入其他的液態材料如：雞蛋或牛奶等等，最後再拌入粉類材料的作法，既簡單方便又快速，很適合時間緊迫或是臨時需要供應糕點的時刻。液態油也能使用其他植物油替代，但香氣上仍有所差異。以液態油拌合作法的蛋糕來說，膨脹效果是來自配方內的無鋁泡打粉，蛋糕組織有大小不均的洞孔為其特性。蛋糕剛出爐時鬆軟濕潤，放涼後當日品嘗是最美味的時刻。

蘭姆葡萄蘋果蛋糕

認真說起來，這款蘭姆葡萄蘋果蛋糕是孩子給我的靈感。

孩子較小的時候，常以蒸蘋果葡萄乾當作幼兒園放學後的小點心，蒸得熱呼呼的軟綿蘋果與葡萄乾的香甜滋味，很受孩子喜歡。有天想動手做蛋糕時，我突發奇想，要是將蘋果與酒香濃郁的蘭姆葡萄乾做成杯子蛋糕，滋味該有多棒。家庭烘焙就是有無限創意的可能，擬好食譜後馬上動手實作，果然，風味跟腦海想像的一模一樣，著實好極了。

蛋糕裡藏有絲絲蘋果的天然香甜，還有點綴其中的迷人蘭姆葡萄酒香，蛋糕鬆綿濕潤，謝謝小孩的放學點心給我美味靈感哪。

分量

6 個

烤箱溫度

180℃

烘烤時間

20 分鐘

材料

葡萄乾 55g
蘭姆酒 適量
蘋果 80g
無鹽奶油 100g

細砂糖（或糖粉）55g
常溫雞蛋 2 顆
低筋麵粉 120g
無鋁泡打粉 3g

作法

1 將葡萄乾浸泡於蘭姆酒，放入冰箱冷藏一日，取出蘭姆葡萄乾備用。

2 蘋果刨成絲狀備用。

3 將無鹽奶油於常溫軟化至手指輕壓可留下指尖凹痕的狀態。

4 無鹽奶油加入細砂糖（或糖粉），以打蛋器持續畫圈拌勻，觀察無鹽奶油色澤由黃色轉成淺鵝黃色，且質地為膨鬆的奶油霜狀態。

 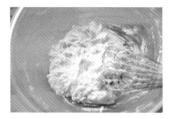 

5 將全蛋液分 2～3 次加入奶油霜中拌勻,每次加入少量全蛋液時,持打蛋器以畫圈方式混合至全蛋液充分被無鹽奶油吸收。

6 篩入低筋麵粉與無鋁泡打粉,以刮刀輕輕拌勻。

7 加入蘭姆葡萄乾與蘋果絲,輕柔拌勻成蛋糕麵糊。

8 在六連圓形烤模放入馬芬蛋糕紙模,將蛋糕麵糊倒入紙模至8分滿。放進已預熱180℃的烤箱烘烤20分鐘,或以竹籤刺入後取出,無沾黏麵糊即可出爐。

檸檬優格蛋糕

夏季時，想來點清爽、無負擔的甜點，檸檬風味蛋糕應該是很多人指名想吃的一款，也是我們小家裡的夏日常備點心。鮮綠色的檸檬皮末與細砂糖仔細搓合，待檸檬皮精油滲出，將細砂糖染成淺淺的綠色，單單多個小步驟，更能增添蛋糕的柔和香氣，很值得；麵糊裡添加無糖優格，讓蛋糕嘗起來更加輕盈爽口；蛋糕頂飾淋上酸酸甜甜的檸檬糖霜，可隨自己的喜好增添。我呢，光是檸檬優格蛋糕佐咖啡或茶就能開心享用，但另一半則是堅持檸檬糖霜得要淋好淋滿才是王道，說他是「螞蟻夫君」真是當之無愧啊。

分量	材料	
6 個	檸檬皮末 ½ 顆	無鋁泡打粉 3g
	細砂糖 75g	
烤箱溫度	無鹽奶油 100g	**頂飾**
180℃	檸檬汁 10g	檸檬汁 8g
	無糖優格 25g	糖粉 30g
烘烤時間	常溫雞蛋 2 顆	檸檬皮末 適量
18 ～ 20 分鐘	低筋麵粉 110g	

作法

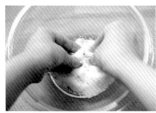

Tips

刨檸檬皮末時，避免刨至白色果皮部分，易造成苦味。

1 檸檬刨出綠色皮末，加入細砂糖，以雙手指腹搓磨檸檬皮末與細砂糖至檸檬精油香氣釋放，即為檸檬糖。

2 將無鹽奶油於常溫軟化至手指輕壓可留下指尖凹痕的狀態。

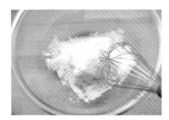

3 無鹽奶油加入檸檬糖，以打蛋器持續畫圈拌勻，觀察無鹽奶油色澤由黃色轉成淺鵝黃色，且質地為膨鬆的奶油霜狀態，檸檬汁與無糖優格加入奶油霜中拌勻。

4 將全蛋液分2〜3次加入奶油霜中拌勻，每次加入少量全蛋液時，持打蛋器以畫圈方式混合至全蛋液充分被無鹽奶油吸收。

5 篩入低筋麵粉與無鋁泡打粉，以刮刀輕柔拌勻成蛋糕麵糊。

Tips

全蛋液分多次且少量加入奶油霜混合，是讓蛋糕成功的小訣竅，初步練習時可將液態材料優先順序為全蛋液、檸檬汁與無糖優格，依序拌入奶油霜中，能更加得心應手。

6 在六連圓形烤模放入馬芬蛋糕紙模，將蛋糕麵糊倒入紙模至8分滿。放進已預熱180℃的烤箱烘烤18〜20分鐘，或以竹籤刺入後取出，無沾黏麵糊即可出爐。

❖ 頂飾

檸檬汁加入糖粉，拌勻調和即為檸檬糖霜。將檸檬糖霜淋於蛋糕表面，隨意放上適量檸檬皮末。

布朗尼大理石蛋糕

布朗尼蛋糕是很多人想來點甜食時的最佳首選，快舉手表態，我也是我也是，特別是表皮脆、內心濕潤的布朗尼，只能舉白旗投降、摀住眼不看體重計上的數字，心甘情願融化在濃郁巧克力的甜蜜漩渦裡，無法自拔。

在家常配方的布朗尼蛋糕麵糊裡，私心喜歡拌入適量的奶油乳酪優格餡，除了增添蛋糕的濕潤度與風味層次外，更能來點大理石紋般的華麗視覺效果；切開布朗尼蛋糕時的白色波浪花紋，黑與白的搶眼對比，讓家庭系烘焙也能神氣十足、走路有風啊！

分量

6 個

烤箱溫度

180℃

烘烤時間

18 ～ 20 分鐘

材料

牛奶 60g
常溫雞蛋 1 顆
無鹽奶油 65g
細砂糖 70g
苦甜巧克力 120g
低筋麵粉 55g

無鋁泡打粉 2g
無糖可可粉 10g

餡料
奶油乳酪 90g
細砂糖 12g
無糖優格 22g

作法 ❖ 餡料

將奶油乳酪於常溫軟化至手指輕壓可留下指尖凹痕的狀態，加入細砂糖與無糖優格拌勻即為奶油乳酪優格餡，裝入擠花袋中。

❖ 蛋糕

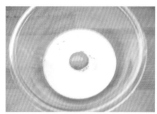 

1 牛奶與全蛋液攪拌均勻即為牛奶全蛋液。

Tips

本食譜使用 85% 苦甜巧克力。

2 將無鹽奶油、細砂糖與苦甜巧克力放入耐熱調理盆,隔
水加熱至融化,加入牛奶全蛋液,充分攪拌均勻。

3 篩入低筋麵粉、無鋁泡打
粉與無糖可可粉,以刮刀
輕柔拌勻成蛋糕麵糊。

4 在六連圓形烤模放入馬芬蛋糕紙模,將蛋糕麵糊倒入紙
模至3分滿,適量擠上3條奶油乳酪優格餡。

5 再將蛋糕麵糊倒入紙模至5分滿,再次擠上3條奶油乳酪優格餡,最後將剩餘的蛋糕麵
糊均等倒入。

6 取竹籤(或筷子)隨意在蛋糕麵糊裡轉圈攪拌2～3圈後,放進已預熱180℃的烤箱烘
烤18～20分鐘,或以竹籤刺入後取出,無沾黏麵糊即可出爐。

蜂蜜紅茶蛋糕

「媽，這蛋糕好好吃唷，蛋糕裡你有加蜂蜜對不對？」的確，蛋糕飄散陣陣撲鼻的蜂蜜香氣，藏也藏不了。

小孩嘴巴實在很靈敏，不像我們大人的嘴早已被酸甜苦辣荼毒許久，孩子的味蕾單純直接，加了什麼材料？味道是不是怪怪的？敏銳又誠實的嘴一嘗馬上知道。

能夠成功收買孩童的決勝關鍵，是麵糊裡拌入適量的蜂蜜與牛奶，恰到好處的點綴了蛋糕甜香與增添細緻濕潤度，一舉兩得啊。

分量	材料	
6 個	無鹽奶油 100g	低筋麵粉 105g
	細砂糖 （或糖粉）70g	無鋁泡打粉 3g
烤箱溫度	蜂蜜 18g	碎紅茶葉 2g
180℃	牛奶 5g	
	常溫雞蛋 2 顆	頂飾
烘烤時間		杏仁角 適量
18 ～ 20 分鐘		

作法

1 將無鹽奶油於常溫軟化至手指輕壓可留下凹痕的狀態。

2 無鹽奶油加入細砂糖（或糖粉），以打蛋器持續畫圈拌勻，觀察無鹽奶油色澤由黃色轉成淺鵝黃色，且質地為膨鬆的奶油霜狀態，蜂蜜與牛奶加入奶油霜中拌勻。

3 將全蛋液分 2～3 次加入奶油霜中拌勻，每次加入少量全蛋液時，持打蛋器以畫圈方式混合至全蛋液充分被無鹽奶油吸收。

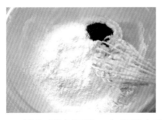

Tips

本食譜使用的碎紅茶葉，取自紅茶茶包內之茶葉。

4 篩入低筋麵粉、無鋁泡打粉與碎紅茶葉，以刮刀輕柔拌勻成蛋糕麵糊。

5 在六連圓形烤模放入馬芬蛋糕紙模，將蛋糕麵糊倒入紙模至 8 分滿，放上適量杏仁角在蛋糕麵糊頂端。

6 放進已預熱 180℃的烤箱烘烤 18～20 分鐘，或以竹籤刺入後取出，無沾黏麵糊即可出爐。

Tips

全蛋液分多次且少量加入奶油霜混合，是讓蛋糕成功的小訣竅，初步練習時可將液態材料優先順序為全蛋液、蜂蜜與牛奶，依序拌入奶油霜中，能更加得心應手。

優格巧克力蛋糕

以基礎磅蛋糕的作法，添入原味優格，醇厚的奶油風味蛋糕立刻變得輕盈細緻、軟綿濕潤。優格巧克力蛋糕裡一顆顆水滴巧克力若隱若現的包藏著，是增添風味的亮點。私心喜歡趁蛋糕剛出爐時，搶先獨自熱呼呼的品嘗，蛋糕內冒出陣陣濃厚的巧克力香氣，實在令人陶醉著迷啊！

分量

6 個

烤箱溫度

180°C

烘烤時間

20 分鐘

材料

無鹽奶油 110g
細砂糖（或糖粉）85g
常溫雞蛋 2 顆
無糖優格 70g
低筋麵粉 120g
無鋁泡打粉 3g

無糖可可粉 25g
深黑苦甜水滴巧克力 20g

頂飾
杏仁角 適量

作法

1 將無鹽奶油於常溫軟化至手指輕壓可留下凹痕的狀態。

  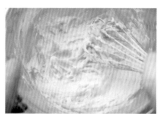

2 無鹽奶油加入細砂糖（或糖粉），以打蛋器持續畫圈拌勻，觀察無鹽奶油色澤由黃色轉成淺鵝黃色，且質地為膨鬆的奶油霜狀態。

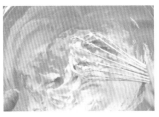 

3 將全蛋液分2～3次加入奶油霜中拌勻，每次加入少量全蛋液時，持打蛋器以畫圈方式混合至全蛋液充分被無鹽奶油吸收。

4 加入無糖優格攪拌。

  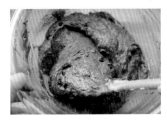

5 篩入低筋麵粉、無鋁泡打粉與無糖可可粉，以刮刀輕輕拌勻，倒入深黑苦甜水滴巧克力，輕柔拌勻成蛋糕麵糊。

6 在六連圓形烤模放入馬芬蛋糕紙模，將蛋糕麵糊倒入紙模至8分滿，放上適量杏仁角在蛋糕麵糊頂端。

7 放進已預熱180℃的烤箱烘烤20分鐘，或以竹籤刺入後取出，無沾黏麵糊即可出爐。

杏仁煉乳蛋糕

對各種食物香氣都很著迷的我，小時候卻是怕極了杏仁的味道。

印象裡，假日總跟著家人到大賣場購物，那裡有一家杏仁粉專賣店，只要老遠聞到杏仁味撲過來，當下味覺立刻卡關，馬上掩鼻快跑。但人的味覺喜好厭惡，說不準何時會來個大逆轉，不知何時開始，卻深深愛上了杏仁的特殊堅果香氣，想必對小時那個極度害怕的我來說，也是始料未及的改變。

現在，全家都是杏仁迷的我們，對這款杏仁煉乳蛋糕特別喜歡，除了滿滿的醇厚杏仁香氣，更有香甜的煉乳與奶粉增添蛋糕的溫潤奶香。沖杯熱咖啡，趁著午後時光感受入口後滿溢的杏仁香氣，好不過癮滿足啊！

分量

6 個

烤箱溫度

180℃

烘烤時間

18 ～ 20 分鐘

材料

無鹽奶油 100g

細砂糖（或糖粉） 65g

煉乳 20g

蘭姆酒 5g

常溫雞蛋 2 顆

低筋麵粉 100g

無鋁泡打粉 3g

奶粉 5g

杏仁粉 8g

頂飾

杏仁角 適量

作法

1 將無鹽奶油於常溫軟化至手指輕壓可留下指尖凹痕的狀態。

2 無鹽奶油加入細砂糖（或糖粉），以打蛋器持續畫圈拌勻，觀察無鹽奶油色澤由黃色轉成淺鵝黃色，且質地為膨鬆的奶油霜狀態，煉乳與蘭姆酒加入奶油霜中拌勻。

3 將全蛋液分2～3次加入奶油霜中拌勻，每次加入少量全蛋液時，持打蛋器以畫圈方式混合至全蛋液充分被無鹽奶油吸收。

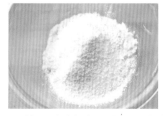

4 篩入低筋麵粉、無鋁泡打粉、奶粉與杏仁粉，以刮刀輕
　柔拌勻成蛋糕麵糊。

5 在六連圓形烤模放入馬芬蛋糕紙模，將蛋糕麵糊倒入紙
　模至8分滿，放上適量杏仁角在蛋糕麵糊頂端。

6 放進已預熱180℃的烤箱
　烘烤18～20分鐘，或以
　竹籤刺入後取出，無沾黏麵
　糊即可出爐。

Tips

全蛋液分多次且少量加入奶油霜混合，是讓蛋糕成功的小訣竅，初步練習時可將液態材料優先順序為全
蛋液、煉乳與蘭姆酒，依序拌入奶油霜中，能更加得心應手。

燕麥果醬夾心蛋糕

從最初開始，慢慢累積自成一格的美味記憶以來，對燕麥片的印象是小時候在冬天睡不著的夜裡、或是沒胃口又趕著上學的早晨，媽媽總會在廚房裡以牛奶、糖與燕麥片熬煮熱呼呼的甜燕麥粥，看著粥冒起陣陣白煙、濃稠滑順的香甜味道，光是聞著都能喚起身心的暖意。

因著喜好，即食大燕麥片也是我常常運用在烘焙時的食材。添加在蛋糕裡，獨有的溫潤奶香增添甘甜與濕潤口感，夾心餡料是酸甜果醬，讓蛋糕層次與香氣皆俱。食材看似簡單卻是吃不膩的馥郁滋味，樸質卻又讓人意猶未盡哪。

分量

6 個

烤箱溫度

180℃

烘烤時間

18 ～ 20 分鐘

材料

無鹽奶油 100g
細砂糖 60g
牛奶 20g
常溫雞蛋 2 顆
低筋麵粉 125g
無鋁泡打粉 3g
即食大燕麥片 30g

| 餡料 |
藍莓果醬 適量

| 頂飾 |
即食大燕麥片 適量

作法

1 將無鹽奶油與細砂糖放入耐熱調理盆，隔水加熱至無鹽奶油與細砂糖融化成金黃色的奶油糖漿，加入牛奶，緩緩倒入全蛋液，充分攪拌均勻。

2 篩入低筋麵粉、無鋁泡打粉與即食大燕麥片，以刮刀輕柔拌勻成蛋糕麵糊。

3 在六連圓形烤模放入馬芬蛋糕紙模,將蛋糕麵糊倒入紙模至5分滿,適量放入藍莓果醬,將剩餘的蛋糕麵糊均等倒入。

Tips

本食譜使用藍莓奇亞籽果醬,任何果醬類都很合適替換(例如:草莓果醬、杏桃果醬等等)。

4 放上適量即食大燕麥片在蛋糕麵糊頂端。

5 放進已預熱180°C的烤箱烘烤18~20分鐘,或以竹籤刺入後取出,無沾黏麵糊即可出爐。

Tips

在香蕉核桃蛋糕的食譜內,介紹了液態油拌合作法。而這類以液態油拌合的蛋糕,讓美味更上層樓的小技巧,是在於將粉類材料加入液態材料後,隨意溫柔的拌勻就是好吃關鍵,太過度將材料攪來拌去容易使麵糊產生筋性,進而造成蛋糕口感差且乾硬。所以請記住小訣竅,以輕柔的方式將材料混合,就大功告成了。

黑芝麻奶油乳酪夾心蛋糕

自小有印象開始，媽媽常提點黑芝麻對女孩的重要性，總說著黑芝麻的優點一籮筐，經年累月的聽著聽著，我對黑芝麻的益處也倒背如流了。

看著點點黑芝麻拌入麵糊裡，是做蛋糕的過程中最討喜可愛的風景，黑芝麻經烘烤後陣陣溫醇的堅果氣息，視覺、嗅覺一次大滿足。入口時，黑芝麻在嘴裡嗶嗶剝剝散發出芝麻香，是讓味覺驚豔的前奏；夾心是蜂蜜奶油乳酪餡，更是蛋糕美味度滿分的重要亮點。

剛出爐時蛋糕表層酥酥脆脆，乳酪餡滑順柔細，趁熱呼呼時大快朵頤、盡情享用，實在過癮哪！

分量	材料	
6 個	無鹽奶油 100g	**餡料**
	細砂糖 65g	奶油乳酪 85g
烤箱溫度	牛奶 15g	蜂蜜 12g
180℃	常溫雞蛋 2 顆	
	低筋麵粉 140g	
烘烤時間	無鋁泡打粉 3g	
18 ～ 20 分鐘	黑芝麻 8g	

作法 ❖ 餡料

 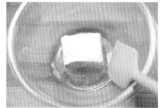 

將奶油乳酪於常溫軟化至手指輕壓可留下指尖凹痕的狀態，加入蜂蜜拌勻即為蜂蜜奶油乳酪餡，裝入擠花袋中。

❖ 蛋糕

1 將無鹽奶油與細砂糖放入耐熱調理盆，隔水加熱至無鹽奶油與細砂糖融化成金黃色的奶油糖漿，加入牛奶，緩緩倒入全蛋液，充分攪拌均勻。

2 篩入低筋麵粉、無鋁泡打粉與黑芝麻，以刮刀輕柔拌勻
  成蛋糕麵糊。

3 在六連圓形烤模放入馬芬蛋糕紙模，將蛋糕麵糊倒入紙模至 5 分滿，適量擠上蜂蜜奶
  油乳酪餡，將剩餘蛋糕麵糊均等倒入。

4 放進已預熱 180°C 的烤箱
  烘烤 18 ～ 20 分鐘，或
  以竹籤刺入後取出，無沾黏
  麵糊即可出爐。

杏桃奶油乳酪夾心蛋糕

對杏桃乾的初體驗，是在澳洲念書生活時到超市採買食材，瞥見一顆顆圓圓扁扁、黃褐色的果乾，在好奇心驅使下便買回家試試，口感帶點嚼勁又香甜，才知道：啊！原來這就是杏桃乾的滋味，好喜歡。自此之後，無論是杏桃乾或是杏桃果醬，就成了冰箱裡的常備食材。嘴饞時吃一顆杏桃乾，或是有點餓時把吐司表面烤得金黃酥脆，趁熱抹上有鹽奶油、杏桃果醬後大口咬下，真是棒極了。

有回嘗試將杏桃乾加入蛋糕麵糊中，讓蛋糕充滿馨香的水果氣息，好吃不膩口，試做後相當喜愛。蛋糕夾心是很討喜的奶油乳酪餡，滑順乳酪與杏桃芳香兜在一起的和諧搭配，既特別又風味一絕。

分量	材料	
6 個	杏桃乾 35g	**餡料**
	無鹽奶油 100g	奶油乳酪 90g
烤箱溫度	細砂糖（或糖粉）65g	細砂糖 8g
180℃	牛奶 15g	
	常溫雞蛋 2 顆	
烘烤時間	低筋麵粉 110g	
18 ～ 20 分鐘	無鋁泡打粉 3g	

作法 ❖ 餡料　　　　　　　　　　　　　　　　　　　　　❖ 蛋糕

將奶油乳酪於常溫軟化至手指輕壓可留下指尖凹痕的狀態，加入細砂糖拌勻即為奶油乳酪餡，裝入擠花袋中。

1 杏桃乾切成小塊狀。

2 將無鹽奶油於常溫軟化至手指輕壓可留下指尖凹痕的狀態，加入細砂糖（或糖粉），以打蛋器持續畫圈拌勻，觀察無鹽奶油色澤由黃色轉成淺鵝黃色，且質地為膨鬆的奶油霜狀態，牛奶加入奶油霜中拌勻。

3 將全蛋液分 2～3 次加入奶油霜中拌勻，每次加入少量全蛋液時，持打蛋器以畫圈方式混合至全蛋液充分被無鹽奶油吸收。

4 篩入低筋麵粉、無鋁泡打粉與杏桃乾，以刮刀輕柔拌勻成蛋糕麵糊。

5 在六連圓形烤模放入馬芬蛋糕紙模，將蛋糕麵糊倒入紙模至 5 分滿，適量擠上奶油乳酪餡，將剩餘的蛋糕麵糊均等倒入。

Tips

全蛋液分多次且少量加入奶油霜混合，是讓蛋糕成功的小訣竅，初步練習時可將液態材料優先順序為全蛋液與牛奶，依序拌入奶油霜中，能更加得心應手。

6 放進已預熱 180°C 的烤箱烘烤 18～20 分鐘，或以竹籤刺入後取出，無沾黏麵糊即可出爐。

雙色抹茶紅豆蛋糕

在甜點店裡，只要瞧見抹茶與蜜紅豆的甜點，對，就是這天造地設的才子佳人組合，我就會無條件投降，直到點好糕點、吃光後，抹茶人才會摸摸肚皮、心滿意足的離開。不過，這些抹茶魂的悸動，是我還不會烤蛋糕時的前塵往事，會烤蛋糕後，當抹茶魂不定時在心底騷動時，不怕，自己烤馬上就有。

雙色抹茶紅豆蛋糕是和風感濃厚的一款甜點，分層的抹茶與蜜紅豆勾勒出日式的雅致茶韻與風味；下層的抹茶蛋糕像是層層疊疊的山峰，彷彿瞬間移動到日本宇治的蒼翠山巒間，抹茶魂再次心神嚮往啊。

分量

6 個

烤箱溫度

180°C

烘烤時間

18 ～ 20 分鐘

材料

抹茶粉 3g

牛奶 10g

無鹽奶油 100g

細砂糖（或糖粉） 78g

常溫雞蛋 2 顆

低筋麵粉 110g

無鋁泡打粉 3g

餡料

蜜紅豆 適量

作法

1 抹茶粉與牛奶拌勻即為抹茶牛奶醬。

2 將無鹽奶油於常溫軟化至手指輕壓可留下指尖凹痕的狀態。

3 無鹽奶油加入細砂糖（或糖粉），以打蛋器持續拌勻，觀察無鹽奶油色澤由黃色轉成淺鵝黃色，且質地為膨鬆的奶油霜狀態。

4 全蛋液分 2～3 次加入奶油霜中拌勻，每次加入少量全蛋液時，持打蛋器以畫圈方式混合至全蛋液充分被無鹽奶油吸收。

5 篩入低筋麵粉和無鋁泡打粉，以刮刀輕柔拌勻成原味蛋糕麵糊。

 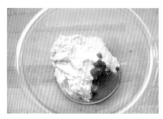 

6 從原味蛋糕麵糊中取出 195g，加入抹茶牛奶醬，以刮刀輕柔拌勻成抹茶蛋糕麵糊。

7 在六連圓形烤模放入馬芬蛋糕紙模，先將抹茶蛋糕麵糊均等倒入紙模，放上適量蜜紅豆後，將剩餘的原味蛋糕麵糊均等倒入。

8 放進已預熱 180℃的烤箱烘烤 18 ～ 20 分鐘，或以竹籤刺入後取出，無沾黏麵糊即可出爐。

抹茶栗子蛋糕

做糕點的過程，有時像是一場華麗的感官饗宴。

像這款抹茶栗子蛋糕，拌麵糊時，首先迎面而來的是淡雅似海苔氣息的沉穩茶香，再來隨著麵糊混合轉成滿目翠綠，無論是味覺與視覺都是搖滾區級的享受，過癮極了呢。

略帶日式和風感的抹茶栗子蛋糕，是抹茶迷的我私心最喜愛的一味食譜，加入一點點的蜂蜜，若有似無的微微蜜香，讓整體風味更圓潤和諧；蛋糕內心藏有一顆鬆綿微甜的栗子，恰如其分襯托出抹茶的茶韻芳醇，啊，抹茶迷很是滿足哪！

分量	材料		
6 個	無鹽奶油 100g	常溫雞蛋 2 顆	餡料
	細砂糖（或糖粉） 80g	低筋麵粉 110g	熟栗子 6 顆
烤箱溫度	蜂蜜 10g	無鋁泡打粉 3g	
180℃	牛奶 10g	抹茶粉 4g	
烘烤時間			
18 分鐘			

作法

1 將無鹽奶油於常溫軟化至手指輕壓可留下凹痕的狀態。

2 無鹽奶油加入細砂糖（或糖粉），以打蛋器持續畫圈拌勻，觀察無鹽奶油色澤由黃色轉成淺鵝黃色，且質地為膨鬆的奶油霜狀態，蜂蜜與牛奶加入奶油霜中拌勻。

3 將全蛋液分 2～3 次加入奶油霜中拌勻，每次加入少量全蛋液時，持打蛋器以畫圈方式混合至全蛋液充分被無鹽奶油吸收。

4 篩入低筋麵粉、無鋁泡打粉與抹茶粉，以刮刀輕柔拌勻成蛋糕麵糊。

5 在六連圓形烤模放入馬芬蛋糕紙模，將蛋糕麵糊倒入紙模至 5 分滿，各放入 1 顆熟栗子，將剩餘的蛋糕麵糊均等倒入。

6 放進已預熱 180℃的烤箱烘烤 18 分鐘，或以竹籤刺入後取出，無沾黏麵糊即可出爐。

Tips

全蛋液分多次且少量加入奶油霜混合，是讓蛋糕成功的小訣竅，初步練習時可將液態材料優先順序為全蛋液、蜂蜜與牛奶，依序拌入奶油霜中，能更加得心應手。

蘋果伯爵茶蛋糕

主婦生活不見得時時優雅，有時忙得團團轉，見縫插針般將事情緊接著做完更是日常。某天午餐過後，拌好蘋果伯爵茶蛋糕麵糊，送進烤箱後抓緊空檔，將洗衣機裡的衣物取出晾乾，右手掛衣褲、左手夾襪子，待滿筐衣物一掃而空，心情真是舒坦極了！

踏進屋內迎面濃郁的蘋果香氣，還在納悶著哪兒飄出的味道：「我沒有削蘋果啊？」接著才想起：「啊，是我正在烤蘋果伯爵茶蛋糕哪！」

靜靜聞著，呼吸間，忙碌浮動的心緩緩安定許多，家庭烘焙的甜甜香氣就是有股療癒且安穩情緒的魔力。自此後，蘋果伯爵茶蛋糕就成了私藏的療癒系甜點，酸甜蘋果對上伯爵茶馨香的佛手柑風味，平衡又不失甘甜醇美。將蛋糕擺在喜愛的餐盤上，泡壺茶、窩在沙發品嚐著，再次滿獲幸福能量。

分量

6 個

烤箱溫度

180℃

烘烤時間

18 ～ 20 分鐘

材料

無鹽奶油 100g
細砂糖（或糖粉） 60g
煉乳 15g
常溫雞蛋 2 顆

低筋麵粉 105g
無鋁泡打粉 3g
碎伯爵茶葉 3g
蘋果 適量

作法

1 將無鹽奶油於常溫軟化至手指輕壓可留下指尖凹痕的狀態。

2 無鹽奶油加入細砂糖（或糖粉），以打蛋器持續畫圈拌勻，觀察無鹽奶油色澤由黃色轉成淺鵝黃色，且質地為膨鬆的奶油霜狀態，煉乳加入奶油霜中拌勻。

3 將全蛋液分 2～3 次加入奶油霜中拌勻，每次加入少量全蛋液時，持打蛋器以畫圈方式混合至全蛋液充分被無鹽奶油吸收。

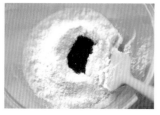 

4 篩入低筋麵粉、無鋁泡打粉與碎伯爵茶葉，以刮刀輕柔拌勻成蛋糕麵糊。

 Tips

本食譜使用的碎伯爵茶葉，取自伯爵茶茶包內之茶葉。

5 在六連圓形烤模放入馬芬蛋糕紙模，將蛋糕麵糊倒入紙模至 8 分滿。將蘋果切片，直立放入蛋糕麵糊中。

6 放進已預熱 180℃的烤箱烘烤 18～20 分鐘，或以竹籤刺入後取出，無沾黏麵糊即可出爐。

Tips

全蛋液分多次且少量加入奶油霜混合，是讓蛋糕成功的小訣竅，初步練習時可將液態材料優先順序為全蛋液與煉乳，依序拌入奶油霜中，能更加得心應手。

蔥花肉鬆蛋糕

「蔥花肉鬆蛋糕剛開始吃不太習慣，但是愈吃愈好吃。」第一次做這款鹹味蛋糕時，對於先生會說出這番話早已未卜先知，因為螞蟻夫君只要看到蛋糕就認定是甜滋滋的，對於吃起來鹹鹹的蛋糕，肯定是衝擊他的甜味蕾啊。不過，見他吃了一個蔥花肉鬆蛋糕後再繼續加碼，想來男人的「鹹點胃」應該是心甘情願的被征服才是。

若沒時間準備麵包時，蔥花肉鬆蛋糕通常是我最棒的神隊友，只需幾個步驟攪攪拌拌，就有鹹香鹹香的蔥花肉鬆蛋糕出爐。我習慣在麵糊裡添加一些些少量的細砂糖，讓蛋糕裡仍有隱約的甘醇甜味，也能增添蛋糕入口後的濕潤與風味。

分量	材料	
6 個	蔥花 35g	**餡料**
	鹽 適量	肉鬆 適量
烤箱溫度	無鹽奶油 75g	
190℃	細砂糖 12g	**頂飾**
	牛奶 25g	白芝麻 適量
烘烤時間	常溫雞蛋 2 顆	
18 ～ 20 分鐘	低筋麵粉 145g	
	無鋁泡打粉 3g	

作法

1 蔥花與鹽放入鍋中炒至飄出香氣備用。

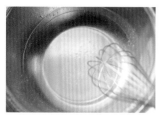  

2 將無鹽奶油與細砂糖放入耐熱調理盆，隔水加熱至無鹽奶油與細砂糖融化成金黃色的奶油糖漿，加入牛奶，緩緩倒入全蛋液，充分攪拌均勻即為牛奶全蛋液。

3 在牛奶全蛋液裡放入炒香的蔥花，攪拌均勻後，篩入低筋麵粉與無鋁泡打粉，以刮刀
輕柔拌勻成蛋糕麵糊。

4 在六連圓形烤模放入馬芬蛋糕紙模，將蛋糕麵糊倒入紙模至 5 分滿，放上適量肉鬆，
將剩餘的蛋糕麵糊均等倒入。

5 適量撒些白芝麻在蛋糕麵糊頂端，放進已預熱 190℃ 的
烤箱烘烤 18 ～ 20 分鐘，或以竹籤刺入後取出，無沾黏
麵糊即可出爐。

Chapter 3
解饞午茶點心

咖啡核桃餅乾佐一壺咖啡，是只屬於大人在深夜的祕密享受；
一口咬下香蕉夾心巧克力塔，多重的甜蜜滋味徹底撫慰了心靈；
而一人享用剛剛好的鹹派和烘蛋，正是輕食主義者的最佳選擇，
小小的分量，大大的滿足，獻給在無時無刻不感到嘴饞的你！

咖啡核桃餅乾

我跟先生都是咖啡愛好者。我是純粹為了享受咖啡的芳醇而喝，提不提神對我毫無用武之地，就算是半夜喝咖啡仍可以倒頭大睡啊。但，另一半看待咖啡可就相當講究了。從產地、挑豆、調整烘豆的深淺度⋯⋯到水質影響與手沖方式，是位大小環節都相當講究的咖啡迷啊。

正因我們的日常時光總不乏咖啡香，佐咖啡的小西點也是不可或缺的重要配角。除了先生喜歡的磅蛋糕外，咖啡核桃餅乾也是簡單易做的常備款點心，尤其是添入餅乾裡的碎核桃粒與杏仁粉，入口後滿溢著堅果芳香，跟咖啡完美合拍啊。

一日裡，我們最喜歡在孩子入睡後，喝著先生細細手沖的溫潤咖啡，吃著我烤的咖啡核桃餅乾你兩片我一片，深夜裡的自宅小咖啡廳，開張。

分量

12 片

烤箱溫度

170℃

烘烤時間

13 ～ 15 分鐘

材料

核桃 30g
即溶咖啡粉 3.5g
熱水 5g
白巧克力 25g
無鹽奶油 60g

糖粉 35g
蛋黃 1 顆
低筋麵粉 130g
杏仁粉 15g

作法

1 核桃剝成碎粒狀。

2 即溶咖啡粉與熱水溶成濃縮咖啡液。

3 白巧克力放入耐熱碗，隔水加熱至融化，加入濃縮咖啡液，充分攪拌均勻，即為咖啡醬。

4 將無鹽奶油於常溫軟化至手指輕壓可留下指尖凹痕的狀態。

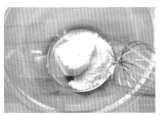

5 無鹽奶油加入糖粉，以打蛋器持續畫圈拌勻，觀察無鹽奶油色澤由黃色轉成淺鵝黃色，且質地為膨鬆的奶油霜狀態。

6 將蛋黃分 2 次加入奶油霜中拌勻，每次加入少量蛋黃時，持打蛋器以畫圈方式混合至蛋黃充分被無鹽奶油吸收，接著加入咖啡醬拌勻。

7 篩入低筋麵粉、杏仁粉與核桃碎粒，以刮刀輕輕拌勻至看不見粉料即成餅乾麵團。

8 以冰淇淋挖勺挖取餅乾麵團，放入六連圓形烤模中，以湯匙輕壓餅乾麵團成小圓餅狀。

Tips

本食譜使用冰淇淋挖勺尺寸為直徑 3.5cm，每球餅乾麵團重量約為 25g，若無挖勺，也可使用湯匙挖取。

9 將 2 盤六連圓形烤模同時放進已預熱 170℃的烤箱烘烤約 13 ～ 15 分鐘。

柚子醬抹茶餅乾

孩子對韓國柚子茶醬有種莫名執著的喜愛，三不五時就會來稟報柚子茶醬消耗的進度：「媽媽，柚子茶醬快用完了，可以再買了唷。」所以一年四季都可以在我家冰箱見到柚子茶果醬的碩大身影，想視而不見都難。

柚子茶醬用途很廣，打氣泡水、抹吐司或是做成照燒柚子雞腿排都相當好吃。這款餅乾也是心血來潮的「食」驗之作，卻一試成主顧。只需一些些柚子茶醬，就能讓餅乾充滿柚子的果香氣息；再多一點點工序準備白巧克力抹茶醬，讓隨意幾道抹茶翠綠色彩在餅乾表面增色添香。可以先品嘗半邊原味的柚子醬餅乾，再嘗另半邊的柚子醬抹茶餅乾，和諧的層次口感，一餅二吃實在享受啊。

分量

12 片

烤箱溫度

170℃

烘烤時間

13 ～ 15 分鐘

材料

無鹽奶油 70g
糖粉 45g
蛋黃 1 顆
韓國柚子茶醬 18g
低筋麵粉 130g

杏仁粉 5g

頂飾

白巧克力 36g
抹茶粉 2g

作法 ❖ 餅乾

1 將無鹽奶油於常溫軟化至手指輕壓可留下指尖凹痕的狀態。

2 無鹽奶油加入糖粉，以打蛋器持續畫圈拌勻，觀察無鹽奶油色澤由黃色轉成淺鵝黃色，且質地為膨鬆的奶油霜狀態。

3 將蛋黃分2次加入奶油霜中拌勻，每次加入少量蛋黃時，持打蛋器以畫圈方式混合至蛋黃充分被無鹽奶油吸收，接著加入韓國柚子茶醬拌勻。

4 篩入低筋麵粉與杏仁粉，以刮刀輕輕拌勻至看不見粉料即成餅乾麵團。

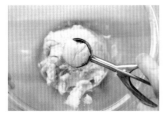 

Tips

本食譜使用冰淇淋挖勺直徑為 3.5cm，每球餅乾麵團重量約為 23g，若無挖勺，也可使用湯匙挖取。

5 以冰淇淋挖勺挖取餅乾麵團，放入六連圓形烤模中，以湯匙輕壓餅乾麵團成小圓餅狀。

6 將 2 盤六連圓形烤模同時放進已預熱 170℃的烤箱烘烤約 13 ～ 15 分鐘。

❖ 頂飾

1 白巧克力放入耐熱碗，隔水加熱至融化，加入抹茶粉，充分攪拌均勻，即為白巧克力抹茶醬，裝入擠花袋中。

2 取 1 片已冷卻的餅乾，將白巧克力抹茶醬隨意擠於餅乾表面，冷藏 1 小時待白巧克力抹茶醬凝固即可。

蘋果玉米片餅乾

香香脆脆的早餐玉米片,總能適時滿足我們家孩子任何有需求的關鍵時刻,像是救火隊一樣,無論肚子餓、放學回家、休閒看書、無聊嘴饞,甚至數學題解不出來時,倒點玉米片喀滋喀滋吃下肚,心情大好,萬事似乎都迎刃而解了,好神奇。這款蘋果玉米片餅乾,就是利用早餐玉米片再度華麗變身。配方裡加入了香甜又增加層次風味的蘋果乾,操作簡單又快速。餅乾一出爐便香氣四溢,馬上讓家庭烘焙的成就感瞬間升級、八面威風呢。

分量

6 片

烤箱溫度

170℃

烘烤時間

13 ～ 15 分鐘

材料

蘋果乾 45g	全蛋液 25g
無鹽奶油 55g	低筋麵粉 60g
細砂糖 32g	玉米片 30g

作法

1 蘋果乾切成小塊狀。

2 將無鹽奶油於常溫軟化至手指輕壓可留下指尖凹痕的狀態。

3 無鹽奶油加入細砂糖,以打蛋器持續畫圈拌勻至質地為膨鬆的奶油霜狀態。

4 將全蛋液分2次加入奶油霜中拌勻,篩入低筋麵粉、玉米片與蘋果乾,以刮刀輕輕拌勻至看不見粉料即成餅乾麵團。

5 餅乾麵團等量分成6等份,放入六連圓形烤模中,以湯匙輕壓餅乾麵團成小圓餅狀。

6 放進已預熱170℃的烤箱烘烤約13～15分鐘。

黑糖燕麥餅

若說到以餅乾博得兒子歡心，一舉成為他心目中最厲害的餅乾天后，又讓我能這麼神氣威風、快速省時烤出兩種口味的餅乾食譜，一定要收進甜點篇章裡啊！

即食燕麥片是餅乾的主角，而讓風味多點層次的小祕密，是添加了堅果香氣的杏仁粉，加上香甜的葡萄果乾增加口感，豐富的好滋味，讓人欲罷不能呢。

有空的話，建議多烤一些做為家庭常備點心，放入密封罐裡收好，當孩子有點餓或大人嘴饞時，會歡欣感謝自己早已備好這一片片的營養食糧。

分量

原味黑糖口味 6 片
葡萄乾口味 6 片

烤箱溫度

175℃

烘烤時間

15 ～ 18 分鐘

材料

無鹽奶油 55g	低筋麵粉 65g
黑糖 35g	杏仁粉 10g
蘭姆酒 5g	即食燕麥片 45g
全蛋液 25g	葡萄乾 30g

作法

1 將無鹽奶油於常溫軟化至手指輕壓可留下凹痕的狀態。

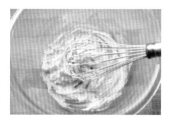  

2 持打蛋器將無鹽奶油攪拌至無結塊，加入黑糖，以打蛋器持續畫圈拌勻至質地為膨鬆的奶油霜狀態。

3 將蘭姆酒與全蛋液分 2 次加入奶油霜中拌勻，篩入低筋麵粉、杏仁粉與即食燕麥片，
以刮刀輕輕拌勻至看不見粉料即成餅乾麵團。

4 以冰淇淋挖勺挖取餅乾麵團，放入六連圓形烤模中，以
手指輕壓餅乾麵團成小圓餅狀。

Tips

本食譜使用冰淇淋挖勺直徑為
3.5cm，每球麵團重量為 20 ～
22g，若無挖勺，也可使用湯匙
挖取。

5 將剩餘的餅乾麵團加入葡萄乾，以刮刀輕輕拌勻，接續
步驟同作法 4。

Tips

本食譜使用葡萄乾，任何果乾都
很合適替換（例如：蔓越莓乾、
無花果乾等等）。

6 將 2 盤六連圓形烤模同
時放進已預熱 175℃的烤
箱烘烤約 15 ～ 18 分鐘。

巧克力擠花餅乾

散發濃郁奶油香、酥鬆又有美麗花紋的擠花餅乾，是我們家冬日裡最常出爐的甜點款式，尤其是巧克力口味，在每個月總有幾天需要暖身暖心的日子裡，喝一杯熱到冒煙的黑咖啡，加上幾片巧克力擠花餅乾，就能讓糾在一起的眉頭瞬間解鎖。將巧克力餅乾麵糊轉個幾圈擠入圓形烤模內，就能不費吹灰之力的烘烤出工整一致的擠花餅乾，像是圓規兜出來的圓圓圈圈，整齊劃一呢。簡單的小技巧與烘焙模具的運用，讓家庭烘焙的餅乾外型也能堪稱名模等級，手藝榮登五星級寶座啊。

分量

10 片

烤箱溫度

170°C

烘烤時間

14 ～ 15 分鐘

材料

無鹽奶油 75g
糖粉 45g
全蛋液 30g

低筋麵粉 90g
無糖可可粉 15g

作法

1 將無鹽奶油於常溫軟化至手指輕壓可留下凹痕的狀態。

2 無鹽奶油加入糖粉，以打蛋器持續畫圈拌勻，觀察無鹽奶油色澤由黃色轉成淺鵝黃色，且質地為膨鬆的奶油霜狀態。

3 將全蛋液分2次加入奶油霜中拌勻，每次加入少量全蛋液時，持打蛋器以畫圈方式混合至全蛋液充分被無鹽奶油吸收。

4 篩入低筋麵粉與無糖可可粉，以刮刀輕輕拌勻至看不見粉料即成餅乾麵團。

5 擠花袋裝上花嘴，將餅乾麵團裝入擠花袋，擠在抹好無鹽奶油（材料外）的六連圓形烤模中。

6 放進已預熱170℃的烤箱烘烤約14～15分鐘。

杏仁伯爵茶酥餅

「奇怪，這餅乾好酥，在嘴裡輕輕一抿幾乎入口即化了。」先生下班回家，剛好遇上餅乾出爐時間，洗個手、換上乾淨衣服後，餅乾也置涼好了，伸手拿一片品嘗，杏仁伯爵茶酥餅化在嘴裡的瞬間讓他驚呼，停不了的一片接著一片。

餅乾的美味小祕訣說來很簡單，是將微微馨香的伯爵茶結合杏仁的堅果香氣，貌似不協調的兩款食材，搭檔起來卻是登對合拍；而另一個提升口感的小祕訣，則是單純添加了蛋黃而發揮的強大後座力啊！先生嘴裡嘗得出來餅乾香氣迷人又酥鬆，但他不懂是這些小祕訣的功勞，我要稍稍保密一下，不然他會知道餅乾是如此美味、做起來卻是易如反掌啊。

分量	烘烤時間	材料	
6 片	15 分鐘	無鹽奶油 40g	低筋麵粉 45g
		糖粉 20g	杏仁粉 15g
烤箱溫度		蛋黃 1 顆	碎伯爵茶葉 3g
165℃			

作法

1 將無鹽奶油於常溫軟化至手指輕壓可留下凹痕的狀態。無鹽奶油加入糖粉，以打蛋器持續拌勻至質地為膨鬆的奶油霜狀態。

2 將蛋黃分2次加入奶油霜中拌勻，篩入低筋麵粉、杏仁粉與碎伯爵茶葉，以刮刀輕輕拌勻至看不見粉料即成餅乾麵團。

Tips

本食譜使用的碎伯爵茶葉，取自伯爵茶茶包內之茶葉。

3 餅乾麵團等量分成 6 等份，放入六連圓形烤模中，以湯匙輕壓餅乾麵團成小圓餅狀。

4 放進已預熱 165℃的烤箱烘烤約 15 分鐘。

巧克力脆餅

小時候很喜歡一款市售的巧克力酥片，一週總要買個幾包吃吃才過癮，就連住校時期，週日晚間回宿舍前的食糧打包清單裡，巧克力酥片鐵定是榜上有名。

人對於喜歡吃的食物總有無限實驗的動力，知道巧克力酥片只要運用玉米片就能輕鬆達標，便捲起袖子依樣畫葫蘆試做幾次，總覺得巧克力與玉米片的組合，嘗起來仍是不過癮，於是再添些堅果香氣的杏仁粉與葡萄乾重做，一試成主顧，更加愛不釋口了。夏天時，孩子喜歡將巧克力脆餅冷藏，大口咕嚕喝著牛奶、冰冰涼涼的配著吃，或是冷颼颼的天氣裡搭配黑咖啡享用，是大人的獨享版本，說到底，任誰都難以抗拒濃郁巧克力的甜蜜滋味啊。

分量

6 片

材料

苦甜巧克力 65g
玉米片 40g
杏仁粉 7g
葡萄乾 25g

頂飾
杏仁角 適量

作法

1 苦甜巧克力隔水融化，加入玉米片、杏仁粉與葡萄乾，以刮刀輕輕拌勻且同時向下壓碎玉米片。

2 將拌勻的巧克力脆餅材料等量分成 6 等份，放入六連圓形烤模中，以湯匙輕壓成小圓餅狀，放上適量杏仁角在脆餅頂端。

3 放進冰箱冷藏 1 小時，即可脫模取出（若不易取出時，可利用吹風機快速吹熱烤模底部，即可輕鬆脫模）。

優格椰棗餅

通常只要跟孩子宣布等會兒供應的午茶點心是剛出爐的優格椰棗餅，當日的回家作業通常是火力全開、光速般寫完後，泰然自若的窩在烤箱旁，期待午茶時光的到來，就知道優格椰棗餅在孩子心中的甜點地位有多崇高。

作法不難的椰棗優格餅，剛出爐時外層酥脆、內心濕潤鬆發有層次，吃起來很像是快手簡易版的司康，加上軟糯香甜的椰棗，組合起來就是讓大人小孩吃都吃不膩的魔法甜點。我們喜歡將優格椰棗餅隨意一分為二，抹上奶油乳酪與果醬，風味很是討喜呢。

分量

6 片

烤箱溫度

180℃

烘烤時間

12 ～ 15 分鐘

材料

椰棗 30g 　　　　　　細砂糖 12g

低筋麵粉 90g 　　　　無鹽奶油 25g

無鋁泡打粉 2g 　　　　無糖優格 55g

作法

1 椰棗切成小塊狀備用。

2 將過篩的低筋麵粉、無鋁泡打粉與細砂糖混合拌勻，再加入切成丁塊的無鹽奶油，以雙手快速抓搓混合，讓無鹽奶油與粉料融合成大小不一的鬆散狀碎粒。

3 放進椰棗拌勻，最後加入無糖優格，以刮刀輕輕拌勻至看不見粉料即成餅乾麵團。

 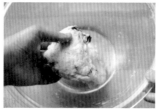 

 以刮刀將餅乾麵團切分 2 份，取其中 1 份疊上，快速將餅乾麵團兜合成厚圓餅狀。

Tips

將麵團疊合的小步驟可增加優格椰棗餅的層次感。

5 餅乾麵團等量分成 6 等份，放入六連圓形烤模中，以湯匙輕壓餅乾麵團成小圓餅狀。

6 放進已預熱 180℃的烤箱烘烤約 12 ～ 15 分鐘。

蜜香紅豆餅

若說，我們家孩子為了能快快吃到優格椰棗餅，願意以百米賽跑的衝刺速度完成作業，那對我來說，在午後打掃、整頓家務後，安靜的喝杯咖啡、嘴裡嘗著蜜香紅豆餅，則是最天然的「身心靈鬆弛劑」了。一樣以優格混合成麵團，相似司康卻是更簡單的作法，烤出來的餅仍具層次且有滋有味。顆顆鬆軟甜香的蜜紅豆是甜味亮點；餅乾麵團添加適量的蜂蜜是讓濕潤度提升的小小關鍵。

為了隨時有專屬於我的「身心靈鬆弛劑」，蜜香紅豆餅通常是一次出爐食譜兩倍的分量，密封好收入冰箱冷凍，想吃時只要噴個水、烘烤加熱一下，趁熱時夾片有鹽奶油，迸出鹹甜鹹甜的美味火花，是我想謝謝自己、款待自己時的獨門絕招。

分量

6 片

烤箱溫度

180℃

烘烤時間

12 ～ 15 分鐘

材料

蜂蜜 10g　　　　　　　細砂糖 3g
無糖優格 50g　　　　　無鹽奶油 30g
低筋麵粉 95g　　　　　蜜紅豆 35g
無鋁泡打粉 2g

作法

1 蜂蜜與無糖優格拌勻成蜂蜜優格備用。

2 將過篩的低筋麵粉、無鋁泡打粉與細砂糖混合拌勻，再加入切成丁塊的無鹽奶油，以雙手快速抓搓混合，讓無鹽奶油與粉料融合成大小不一的鬆散狀碎粒。

3 放進蜜紅豆拌勻，最後加入蜂蜜優格，以刮刀輕輕拌勻至看不見粉料即成餅乾麵團。

以刮刀將餅乾麵團切分2份，取其中1份疊上，快速將餅乾麵團兜合成厚圓餅狀。

Tips

將麵團疊合的小步驟可增加蜜香紅豆餅的層次感。

5 餅乾麵團等量分成6等份，放入六連圓形烤模中，以湯匙輕壓餅乾麵團成小圓餅狀。

6 放進已預熱180℃的烤箱烘烤約12～15分鐘。

檸檬塔

我很怕酸，但對於酸不溜丟的檸檬塔卻是情有獨鍾。

第一次嘗到檸檬塔是在澳洲念書時，當時還是蠢呆蠢呆的年紀，對於甜食或美食的探索與認知仍停留在舊石器時代，所以初初遇到檸檬塔時，說是驚為天人也不誇張，怎麼會有這麼酸溜卻甜美的甜點！細細品嘗著檸檬塔裡黃澄澄的檸檬凝乳餡，這下，真把我從井底之蛙的飲食塔裡解救出來見世面了。

檸檬塔製作過程看似繁瑣，但只要做過一回後就知道其實很容易上手，做出來的成品賣相與滋味，很能讓家庭界的廚夫廚娘趾高氣昂、抬頭挺胸啊。

分量

6 個

烤箱溫度

180℃

烘烤時間

8 ～ 10 分鐘＋ 5 分鐘

材料

檸檬凝乳	塔皮
檸檬汁 95g	黃檸檬皮末 ½ 顆
檸檬皮末 ½ 顆	低筋麵粉 150g
細砂糖 105g	奶粉 5g
常溫雞蛋 2 顆	糖粉 30g
玉米粉 2g	無鹽奶油 75g
無鹽奶油 60g	蛋黃 1 顆
	冰水 5g
	蛋白液 適量

作法 ✧ 檸檬凝乳

1 使用果汁機或食物調理攪拌棒，將無鹽奶油以外的材料打勻後，倒入鍋中隔水加熱，加熱過程請手持打蛋器，快速攪拌至檸檬凝乳冒泡且呈現濃稠狀態後離火。

2 將無鹽奶油加入檸檬凝乳中充分拌勻，隔水降溫放涼。擠花袋裝上花嘴，將檸檬凝乳裝入擠花袋中，冷藏3小時備用。

❖ 塔皮

Tips

刨檸檬皮末時，避免刨至白色果
皮部分，易造成苦味。

1 黃檸檬刨出黃色皮末。

2 將過篩後的低筋麵粉、奶粉與糖粉混合拌勻，再加入切成丁塊的無鹽奶油與檸檬皮末，
以雙手快速抓搓混合，讓無鹽奶油與粉料融合成大小不一的鬆散狀碎粒。

3 加入蛋黃與冰水，以刮刀輕壓拌勻至看不見粉料即成塔皮麵團，放入密封袋，放進冰
箱冷藏 1～2 小時備用。

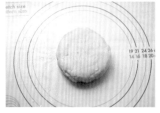  

4 將冷藏後的麵團，持擀麵棍擀開成適當大小（厚度約 3～4mm），取杯子或是適合的
器皿（直徑約 8cm），在塔皮麵團上輕壓出 6 個圓形定位記號，再用力壓出 6 片圓形
塔皮。

Tips

以叉子在塔皮底部刺出洞孔，可協助讓殘留在塔皮與烤模之間的空氣更容易排出。

5 將圓形塔皮放入六連圓形烤模中，以手指輕壓塔皮與烤模緊密貼合，運用叉子在塔皮底部刺些洞孔，放入冰箱冷藏 15 分鐘。

Tips

使用揉皺的烘焙紙更能貼合塔皮表面。

6 在塔皮內放上揉皺的烘焙紙，再放上派石(豆子或是米亦可)，放進已預熱 180℃的烤箱烘烤約 8 ～ 10 分鐘，取出烘焙紙與派石。

7 在塔皮內刷上蛋白液，再放進已預熱 180℃的烤箱烘烤約 5 分鐘，見塔皮邊緣上色即可出爐，待完全放涼後再取出塔皮。

Tips

剩下的檸檬凝乳可當吐司抹醬，或搭配貝果與司康也相當美味。

8 取出檸檬凝乳擠花袋，以塔皮中心點開始由內繞圈到外擠出花型即可。

香蕉夾心巧克力塔

與香蕉最速配、最登對的夥伴食材，到底是花生醬還是巧克力？這問題我思考好久好久，若以香蕉風味的甜塔來說，我相信以巧克力的魅力絕對贏得香蕉美人歸啊。這款香蕉夾心巧克力塔，光聽名字就很讓人甘心臣服的療癒系甜點，無論是不是嗜甜螞蟻人，都很難抗拒濃郁醇香的巧克力魅力。塔底先鋪上一層的香蕉打底，再淋上帶點蜂蜜香氣的巧克力內餡，輕奢華感卻又風味迷人。我愛巧克力的苦甜交織、也喜歡香蕉的軟糯香滑，甜美滋味一次療癒到位、心滿意足啊。

分量

6 個

烤箱溫度

180℃

烘烤時間

8 ～ 10 分鐘＋ 5 ～ 8 分鐘

材料

塔皮
低筋麵粉 135g
無糖可可粉 25g
杏仁粉 15g
糖粉 35g
無鹽奶油 80g

蛋黃 1 顆
冰水 10g
蛋白液 適量

餡料
動物性鮮奶油 38g

蜂蜜 12g
苦甜巧克力 45g
無鹽奶油 15g
香蕉切片 適量
杏仁角 適量

作法 ❖ 塔皮

1 將過篩的低筋麵粉、無糖可可粉、杏仁粉與糖粉混合拌勻，再加入切成丁塊的無鹽奶油，以雙手快速抓搓混合，讓無鹽奶油與粉料融合成大小不一的鬆散狀碎粒。加入蛋黃與冰水，以刮刀輕壓拌勻至看不見粉料即成塔皮麵團，放入密封袋，放進冰箱冷藏1～2小時。

2 將冷藏後的麵團，持擀麵棍擀開成適當大小（厚度約3～4mm），取杯子或適合的器皿（直徑約9cm），在塔皮麵團上輕壓6個圓形定位記號，再用力壓出6片圓形塔皮。

3 將圓形塔皮放入六連圓形烤模中，以手指輕壓塔皮與烤模緊密貼合，運用叉子在塔皮底部刺些洞孔，放入冰箱冷藏15分鐘。

4 在塔皮內放上揉皺的烘焙紙，再放上派石（豆子或是米亦可），放進已預熱 180℃的烤箱烘烤約 8 ～ 10 分鐘，取出烘焙紙與派石。

5 在塔皮內刷上蛋白液，再放進已預熱 180℃的烤箱烘烤約 5 ～ 8 分鐘，見塔皮邊緣上色即可出爐，待完全放涼後再取出塔皮。

❖ 餡料

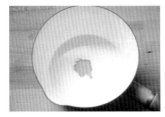 

1 以中小火加熱動物性鮮奶油與蜂蜜，加熱過程請持續攪拌至鮮奶油微微沸騰，離火後即為蜂蜜鮮奶油。

2 苦甜巧克力放入耐熱調理盆，將蜂蜜鮮奶油倒入，靜置 2 分鐘，攪拌混合後，加入無鹽奶油拌勻至巧克力醬呈現滑順光澤的狀態。

❖ 組合與裝飾

在已冷卻的巧克力塔中，放入適量的香蕉切片，並倒入巧克力醬，放上適量杏仁角，最後放入冰箱冷藏 2 小時，直到巧克力醬完全凝固即可。

田園咖哩鹹派

「今天晚餐我做了鹹派。」「不錯啊，是咖哩口味對吧，剛踏進門就聞到了咖哩香。」先生是中式胃，喜歡中式料理勝於西式料理，喜歡爆炒沙茶牛肉配白飯一碗勝過義大利麵一盤，但唯有鹹派，是他樂於接受的一款西式餐點，鹹香且富有層次風味的餡料，是收服男人胃的決勝關鍵哪。

鹹派裡，步驟稍稍多些的就是派皮部分，建議事先或前一夜將派皮準備好，隔日要供應餐點時，只要將派皮擀開、材料炒香，組合後再次烘烤，就有色香味俱全的鹹派上桌了。這次運用圓形烤模製作成迷你鹹派，外型討喜可愛，非常適合作為孩子放學後飢腸轆轆的點心與自己一派優雅的輕食午餐。

一款鹹派搞定全家的鹹食喜好，值得動手試試看。

分量

6 個

烤箱溫度

170℃

烘烤時間

10 ～ 12 分鐘＋
5 ～ 8 分鐘＋
20 ～ 25 分鐘

材料

派皮
低筋麵粉 145g
咖哩粉 2g
鹽一小撮
無鹽奶油 70g
蛋黃 1 顆

冰水 8g
蛋白液 適量

餡料
雞蛋 1 顆
動物性鮮奶油 45g

鹽一小撮
培根 25g
洋蔥 35g
綠色花椰菜 45g
咖哩粉 3g

作法 ❖ 派皮

1 將過篩的低筋麵粉、咖哩粉與鹽混合拌勻，再加入切成丁塊的無鹽奶油，以雙手快速抓搓混合，讓無鹽奶油與粉料融合成大小不一的鬆散狀碎粒。加入蛋黃與冰水，以刮刀輕壓拌勻至看不見粉料即成派皮麵團，裝入密封袋後，放進冰箱冷藏1～2小時。

2 將冷藏後的麵團，持擀麵棍擀開成適當大小（厚度約3～4mm），取杯子或是適合的器皿（直徑約9cm），在派皮麵團上輕壓出6個圓形定位記號，再用力壓出6片圓形派皮。

Tips

將派（塔）皮麵團放入烤模時，請確實以手指沿著烤模底部、側面與彎角處，仔細輕壓麵團緊密貼合烤模，讓包覆在麵團與烤模間的空氣排出，經高溫烘烤後也能完美保持派（塔）皮形狀。

3 將圓形派皮放入六連圓形烤模中，以手指輕壓派皮與烤模緊密貼合，運用叉子在派皮底部刺些洞孔，放入冰箱冷藏15分鐘。

4 在派皮內放上揉皺的烘焙紙，再放上派石（豆子或是米亦可），放進已預熱170℃的烤箱烘烤約10～12分鐘，取出烘焙紙與派石。

5 在派皮內刷上蛋白液,再放進已預熱 170℃的烤箱烘烤
約 5 ～ 8 分鐘,見派皮邊緣上色即可出爐,待完全放涼
後再取出派皮。

❖ 餡料

1 將全蛋液、動物性鮮奶油
與鹽混合均勻,即為鮮奶
油蛋液。

2 培根、洋蔥與綠色花椰菜切丁後,放入鍋中炒至飄出香
氣,加入咖哩粉,拌炒至餡料上色後,熄火,等待餡料
降溫。

3 在已冷卻的派皮中,填入適量的餡料,倒入鮮奶油蛋液,
放進已預熱 170℃的烤箱烘烤約 20 ～ 25 分鐘。

地瓜可樂餅

我們家孩子很喜歡可樂餅，小巧又圓兜兜的一顆，剛炸好時酥香極了，就算是如貓舌頭般怕燙的小孩也顧不了這麼多，每次都是趁熱咬上一口，冒出陣陣白煙的可樂餅與邊吃邊張嘴、呵氣降溫的畫面，怎看都覺得逗趣。

市售可樂餅多以油炸為主，其實利用烤箱與圓模，也能做出內外兼具且很有水準的可樂餅。我們家的烤箱版可樂餅有個增添滋味的小訣竅是咖哩粉，能讓綿密的地瓜內餡吃起來更具日式風味。對了，裹在可樂餅外層的麵包粉，請盡量裹好裹滿，高溫烘烤到金黃色澤酥脆，趁熱入口清脆喀滋的聲音，是驚喜的美味回響。

分量

6 個

烤箱溫度

200℃

烘烤時間

12 ～ 15 分鐘

材料

熟地瓜 215g
無鹽奶油 20g
鮪魚罐頭 40g
熟青豆仁 40g
咖哩粉 1.5g
低筋麵粉 45g
全蛋液 適量
麵包粉 適量

作法

1 熟地瓜與無鹽奶油拌勻混合，壓成泥狀備用。

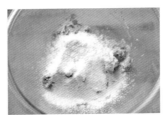

2 將鮪魚罐頭內含的油分和水分瀝乾，與熟青豆仁、咖哩粉一起加入地瓜泥中，攪拌均勻後，加入過篩的低筋麵粉，以刮刀輕柔拌勻成地瓜可樂餅餡。

3 地瓜可樂餅餡等量分成 6 等份，整型成圓餅狀，置放在烤盤上，兩面皆篩上低筋麵粉（材料外）。

4 裹上全蛋液與麵包粉，放入六連圓形烤模中。放進已預熱200℃的烤箱烘烤12～15分鐘，或麵包粉呈現金黃色澤即可出爐。

藜麥時蔬烘蛋

家裡的小男孩是藜麥的忠實擁護愛好者，喜歡聞著藜麥蒸熟時飄出的特殊香味，也很喜歡看熟藜麥長出白白小尾巴的討喜模樣，在我們家可說是萬萬不可或缺、極受孩子青睞的重要食材。

這道藜麥時蔬烘蛋簡單又營養，任何時候上場，都能輕鬆讓大人小孩飢腸轆轆的胃獲得大大滿足。我們也常在夜晚時，將藜麥時蔬烘蛋預先烤好、密封冷藏，早上起床後用烤箱再度快速烘熱，有蛋、有蔬菜又有濃濃起司香，光是陣陣香氣就能讓小男孩聞香起床，瞧見桌上有著最歡喜的早餐，咻咻咻，吃得飛快啊。

分量

6 個

烤箱溫度

180°C

烘烤時間

15 分鐘

材料

雞蛋 3 顆
牛奶 45g
帕瑪森起司粉 10g
鹽 1g

洋蔥 30g
青椒 30g
罐頭玉米粒 30g
熟藜麥 65g

作法

1 將全蛋液放入耐熱調理盆，稍微打勻後，加入牛奶、帕瑪森起司粉與鹽，充分攪拌均勻。

2 洋蔥與青椒切丁後，放入鍋中炒至飄出香氣備用。

3 將洋蔥、青椒、玉米粒與熟藜麥加入作法 1 的蛋液中，充分將材料拌勻，等量倒入已塗抹無鹽奶油（材料外）的六連圓形烤模中。

Tips

本食譜藜麥使用綜合三色藜麥。

4 放進已預熱180°C的烤箱烘烤約15分鐘。

菠菜鮪魚起司烘蛋

記得小時候看大力水手卡通時，對於吃下去能瞬間爆發力破表的菠菜是嘖嘖稱奇，心想太神奇了吧，此後只要見到菠菜上桌，一定毫不猶豫的搶食，幻想有朝一日是不是也能變成大力女一般雄壯威武。但，事與願違，吃一堆菠菜並沒有讓我變成大力女，倒是愈來愈喜歡菠菜的滋味。

烘蛋是最省時、也是能同時攝取多種營養的快速料理。菠菜炒香後，再將鮪魚與奶油乳酪兩個好搭檔，通通加入蛋汁裡，最後放上紅通通的番茄，送入烤箱讓各式滋味你儂我儂。菠菜鮪魚起司烘蛋有黃、有綠、也有紅，就算吃了無法立刻變身成大力水手，但營養滿點，那就是無敵了哪。

分量

6 個

烤箱溫度

180°C

烘烤時間

15 分鐘

材料

雞蛋 3 顆
牛奶 45g
鮪魚罐頭 35g

奶油乳酪 25g
菠菜 80g
番茄 6 片

作法

1 將全蛋液放入耐熱調理盆，稍微打勻後，加入牛奶充分攪拌均勻。

2 將鮪魚內含的油分和水分瀝乾，奶油乳酪隨意剝成大小塊狀。

3 菠菜切段，放入鍋中炒至飄出香氣備用。

4 將菠菜、鮪魚與奶油乳酪加入作法 1 的蛋液中，充分將材料拌勻，等量倒入已塗抹無鹽奶油（材料外）的六連圓形烤模中，最後放上番茄片。放進已預熱 180°C 的烤箱烘烤約 15 分鐘。

馬芬杯的60道高人氣日常點心：

1種烤模做出餐包X蛋糕X餅乾X派塔

作　者	蘇凱莉	總 代 理	三友圖書有限公司
攝　影	蘇凱莉	地　址	106台北市安和路2段213號4樓
編　輯	洪瑋其、藍勻廷	電　話	(02) 2377-4155
	簡語謙	傳　真	(02) 2377-4355
校　對	洪瑋其、藍勻廷	E－mail	service@sanyau.com.tw
	黃子瑜、蘇凱莉	郵政劃撥	05844889 三友圖書有限公司
美術設計	何仙玲		
		總 經 銷	大和書報圖書股份有限公司
發 行 人	程安琪	地　址	新北市新莊區五工五路2號
總 策 劃	程顯灝	電　話	(02) 8990-2588
總 編 輯	呂增娣	傳　真	(02) 2299-7900
編　輯	吳雅芳、洪瑋其		
	藍勻廷	製版印刷	卡樂彩色製版印刷有限公司
美術主編	劉錦堂		
美術編輯	陳姿伃	初　版	2020年11月
行銷總監	呂增慧	定　價	新台幣380元
資深行銷	吳孟蓉	I S B N	978-986-364-169-8（平裝）
發 行 部	侯莉莉	◎版權所有‧翻印必究
財 務 部	許麗娟、陳美齡	書若有破損缺頁 請寄回本社更換
印　務	許丁財	
出 版 者	橘子文化事業有限公司	

國家圖書館出版品預行編目 (CIP) 資料

馬芬杯的60道高人氣日常點心：1種烤模做出餐包
X蛋糕X餅乾X派塔 / 蘇凱莉作. -- 初版. -- [臺北市]
：橘子文化, 2020.11
　面；　公分
ISBN 978-986-364-169-8(平裝)
1.點心食譜
427.16　　　　　　　　　　　　　　　109014127

點心烘焙

麵包職人的烘焙廚房：

50款經典歐法麵包零失敗

陳共銘 著／楊志雄 攝影

定價 330元

50款經典歐、法、台式麵包，從酵母的培養，到麵種的製作，學習直接法、中種法、液種法與湯種法，搭配詳細解說和步驟圖示，帶領你製作麵包零失誤。

100°C湯種麵包：

超Q彈台式+歐式、吐司、麵團、麵皮、餡料一次學會

洪瑞隆 著／楊志雄 攝影

定價 360元

20年經驗的烘焙師傅親自傳授，從麵種、麵皮、餡料到台式、歐式、吐司各種風味變化，在家也能做出柔軟濕潤，口感Q彈的湯種麵包。

手揉麵包，第一次做就成功！

基本吐司X料理麵包X雜糧養生X傳統台式麵包

鄭惠文、許正忠 著

楊志雄 攝影／定價 380元

直接法X三大麵種X綜合麵種運用，學會基本揉麵，備好簡易的烘焙工具，step by step，輕鬆做出美味的手作麵包！

和菓子‧四時物語：

跟著日式甜點職人，領略春夏秋冬幸福滋味

渡部弘樹、傅君竹 著

楊志雄 攝影／定價 420元

本書介紹58種融合四季以及日本節慶的代表菓子，搭配700張詳解步驟圖，從基本內餡至外皮、著色、漸層技法、裝飾，循序漸進，實作蘊含幸福的日式甜點。

60位法國甜點大師的招牌甜點：

一次學會法國最具代表性甜點大師的拿手絕活，帶您一窺法國甜點的魅力

拉斐爾‧馬夏爾 著

張婷 譯／定價 480元

想學會最經典的法國甜點，想了解法國烘焙大師習藝的心路歷程，只要一本就足夠。

懷舊糕餅4：

牛舌餅、老婆餅、脆皮流沙球、古早味蛋糕的回憶點心

呂鴻禹 著／定價 480元

牛舌餅、老婆餅、三眼糕、糖不甩……懷念的好味道無須再尋尋覓覓，跟著老師傅不藏私的傳統手藝，搭配上千張步驟圖，讓你也能完美重現73道古早味點心的甜蜜滋味！

餐桌風景

療癒食光：
咪豆栗的日常茶飯事
咪豆栗 著／定價 380元

褪下醫師袍走進廚房，精神科醫師咪豆栗，用食譜代替處方箋，以微笑與淚水調味，做一道料理送給過去的自己，也獻給蛻變後，全新的你！

煮光陰：
我與阿嬤的好時光
劉品言 著／定價 380元

30道菜，有言言跟阿嬤阿公，還有其他家人共同譜出的珍貴回憶，每一篇都是真實且細膩的故事。一起做菜，一起煮著光陰，煨著人與人之間，最重要的感情。

一人餐桌：
從主餐到配菜，72道一人份剛剛好的省時料理
電冰箱 著／定價 350元

一人料理一點也不難，不論是晚歸時的宵夜小菜，或是營養均衡的正餐，快速、簡單、分量剛好，一個人，也可以好好吃飯。

日本男子的日式家庭料理：
有電子鍋、電磁爐就能當大廚
KAZU 著／定價 380元

沒有瓦斯爐所以沒有辦法在家做料理？人氣YouTuber日本男子KAZU教你利用電子鍋和電磁爐，運用台灣市場就買得到的食材，輕鬆做出簡單美味的日式口味。

惠子老師的日本家庭料理：
100道日本家庭餐桌上的溫暖好味
大原惠子 著／楊志雄 攝影
定價 450元

30種套餐，100道日本家常菜，大原惠子老師不藏私教授，詳盡的示範步驟，讓新手也能輕鬆做出道地溫暖的日式家庭料理。

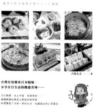

大塚太太的東京餐桌故事
大塚太太 著／定價 340元

50道溫暖人心的家常食譜，大塚家笑淚齊飛的日常故事，跟著大塚太太夾點菜、喝口湯，配一碗熱騰騰的米飯，你會發現，種種難題在餐桌上都能找到答案。

三友圖書有限公司 收
SANYAU PUBLISHING CO., LTD.

106 台北市安和路2段213號4樓

三友圖書
讀書俱樂部

親愛的讀者:

感謝您購買《馬芬杯的 60 道高人氣日常點心:1 種烤模做出餐包 X 蛋糕 X 餅乾 X 派塔》一書,為感謝您對本書的支持與愛護,只要填妥本回函,並寄回本社,即可成為三友圖書會員,將定期提供新書資訊及各種優惠給您。

姓名 _____ 出生年月日 _____

電話 _____ E-mail _____

通訊地址 _____

臉書帳號 _____

部落格名稱 _____

1 年齡
☐ 18 歲以下　☐ 19 歲～25 歲　☐ 26 歲～35 歲　☐ 36 歲～45 歲　☐ 46 歲～55 歲
☐ 56 歲～65 歲　☐ 66 歲～75 歲　☐ 76 歲～85 歲　☐ 86 歲以上

2 職業
☐軍公教　☐工　☐商　☐自由業　☐服務業　☐農林漁牧業　☐家管　☐學生
☐其他

3 您從何處購得本書?
☐博客來　☐金石堂網書　☐讀冊　☐誠品網書　☐其他 _____
☐實體書店 _____

4 您從何處得知本書?
☐博客來　☐金石堂網書　☐讀冊　☐誠品網書　☐其他 _____
☐實體書店 _____ ☐ FB(四塊玉文創／橘子文化／食為天文創 三友圖書——微胖男女編輯社)
☐好好刊(雙月刊)　☐朋友推薦　☐廣播媒體

5 您購買本書的因素有哪些?(可複選)
☐作者　☐內容　☐圖片　☐版面編排　☐其他 _____

6 您覺得本書的封面設計如何?
☐非常滿意　☐滿意　☐普通　☐很差　☐其他 _____

7 非常感謝您購買此書,您還對哪些主題有興趣?(可複選)
☐中西食譜　☐點心烘焙　☐飲品類　☐旅遊　☐養生保健　☐瘦身美妝　☐手作　☐寵物
☐商業理財　☐心靈療癒　☐小說　☐繪本　☐其他 _____

8 您每個月的購書預算為多少金額?
☐ 1,000 元以下　☐ 1,001～2,000 元　☐ 2,001～3,000 元　☐ 3,001～4,000 元
☐ 4,001～5,000 元　☐ 5,001 元以上

9 若出版的書籍搭配贈品活動,您比較喜歡哪一類型的贈品?(可選 2 種)
☐食品調味類　☐鍋具類　☐家電用品類　☐書籍類　☐生活用品類　☐DIY 手作類
☐交通票券類　☐展演活動票券類　☐其他 _____

10 您認為本書尚需改進之處?以及對我們的意見?

_____

感謝您的填寫,
您寶貴的建議是我們進步的動力!